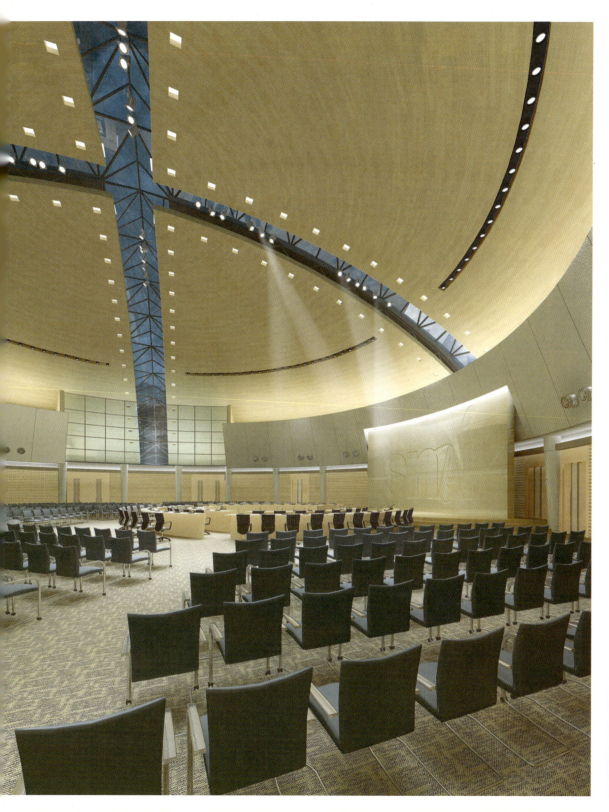

公共建筑装饰设计实例图集 2

谢建伟 林 刚 主编

中国建筑工业出版社

主 编：谢建伟 林 刚

编 委：邓 敏 许海珊 孙军政 魏 伟 陈建伟 李一帆
　　　　黄 燕 张得盛 钟 琦 龚 茜 孙 炜 周 密
　　　　朱金生 虞建达 邓惠根 徐 欣 俞 强 孔 彬
　　　　楼 雁 王圣泉 徐怀飞 王伯敏 卢 洋

前　　言

　　如果说，公共建筑装饰工程的设计阶段是对建筑使用功能和艺术风格的美好憧憬，而施工阶段是对其美丽梦想的具体实施的话，那么，公共建筑装饰工程的施工图设计阶段就是一座连接理想与现实的桥梁。因此，施工图设计，就是要以设计方案为指导、以相关规范为准则、以灵活多样的交流为手段，达到指导、协调、服务于工程施工的目的。除了图纸的设计绘制，施工图设计阶段还包括与不同专业、工种之间的相互支持、协调和沟通，例如技术交底、提供参数和现场指导等工作，最终施工图纸依然是设计师充分、明确地表达设计意图的重要方式之一。

　　上海市建筑装饰工程有限公司经过近二十年来的发展、实践和积累，总结了自己特有的、本行业当前技术发展条件适用的施工图设计管理方法，恰当地将设计、协调和技术推广融合于施工图设计中，让设计师把更多的思考放在调查、了解、比较、构思、创造、协调等一系列设计要素的环节上，从而使施工图设计更加贴近工程现场的实际情况。同时，由于成品和标准产品市场的逐渐成熟，图纸的绘制工作量也大大减少，设计意图的表达渠道和方式也日渐丰富。

　　本书摘选了公共建筑中经常设置的代表性功能区域，全部是由上海市建筑装饰工程有限公司近五年来设计并大都已经建成的项目。值得一提的是，这些图纸是由工程蓝图编辑而成的，不似标准图集那么统一，有些图纸看似简单，但所表达的内容是施工过程中不可缺少的并经工程实践充分证实了，当然，不能忽略的是整个项目的设计图纸，还必须有设计总说明、材料选用表和企业的标准做法作为支撑条件予以补充的。

　　通过书中摘选的图纸，我们不难看出：从过去在图纸上事无巨细的描述，到现在突出重点的绘制表达，都从另一个侧面反映和证实了施工技术的发展水平，施工图设计技术和管理的与时俱进，受益的不仅是设计师的时间和精力，还有顾客和施工单位的效率与效益。

目 录

一、接待室 ········· 1

1. 上海国际新闻中心 ········· 2
2. 新疆德隆国际战略投资有限公司总部 ········· 7
3. 杭州剧院 ········· 10
4. 上海金茂大厦 41 层 ········· 14
5. 上海久事大厦 ········· 19
6. 上海申能能源股份公司 ········· 21
7. 上海杨浦法院 ········· 23
8. 宏伊大厦 ········· 26
9. 上海国家会计师学院教学会议中心 ········· 27
10. 上海国家会计师学院后勤物业楼 ········· 29
11. 上海新江湾城文化中心 ········· 35
12. 大宁绿地会议中心 ········· 38
13. 上海市沪东工人文化宫 ········· 43
14. 杨浦区检法大楼 ········· 45
15. 闸北区人民法院 ········· 47
16. 上海市第二中级人民法院立案庭 ········· 49

二、会议室、报告厅 ········· 51

1. 上海某国际战略投资有限公司总部 ········· 52
2. 上海沪东工人文化宫 ········· 54
3. 华东电力公司 ········· 61
4. 上海教育电视台 ········· 64
5. 中国工商银行上海金山支行营业厅 ········· 66
6. 上海闸北法院 ········· 68
7. 上海电信数码通网络有限公司 ········· 69
8. 移动通信有限责任公司扬州分公司 ········· 72
9. 上海市高级人民法院 ········· 77
10. 庆余宾馆 ········· 80
11. 大宁绿地会议中心 ········· 83
12. 新疆德隆国际战略投资有限公司总部 ········· 85
13. 常州软件园综合服务中心楼 ········· 88
14. 上海国家会计师学院教学会议中心 ········· 91

15. 上海沪东工人文化宫 ……………………………… 98

三、剧场、剧院 ……………………………………… 101

1. 上海交通大学学生活动中心 ………………… 102
2. 浙江艺术学院 ………………………………… 106
3. 上海国家会计师学院会议中心 ……………… 122

四、多功能厅 ………………………………………… 129

1. 上海新江湾城文化中心 ……………………… 130
2. 庆余宾馆 ……………………………………… 133

五、卫生间 …………………………………………… 139

1. 华东电力实验研究院 ………………………… 140
2. 上海知音小区会所 …………………………… 141
3. 上海大宁绿地会议中心 ……………………… 142
4. 上海联合商务大厦 …………………………… 146
5. 威诗凯亚会所 ………………………………… 148
6. 常州软件园 …………………………………… 151
7. 上海国家会计师学院研究生公寓 …………… 154
8. 上海国家会计师学院专家公寓 ……………… 155
9. 上海国家会计师学院后勤物业楼 …………… 159

10. 上海国家会计师学院教学会议中心 ………… 162
11. 上海国家会计师学院行政楼 ………………… 164
12. 上海新江湾城文化中心 ……………………… 172

六、餐厅 ……………………………………………… 175

1. 新疆德隆国际战略投资有限公司总部 ……… 176
2. 庆余宾馆 ……………………………………… 180
3. 常州软件园中心楼 …………………………… 182

七、行政主管办公室 ………………………………… 187

1. 上海国家会计师学院教学会议中心 ………… 188
2. 上海徐汇区财政局 …………………………… 190
3. 金茂大厦 ……………………………………… 191
4. 新疆德隆国际战略投资有限公司总部 ……… 192

八、其他案例 ………………………………………… 195

1. 上海梅龙镇广场 7F 翡翠酒家 ……………… 196
2. 中金集团杭州分公司 ………………………… 223
3. 花旗大厦大堂咖啡吧 ………………………… 230
4. 上海万达商业广场展示中心 ………………… 238

一、接待室

本章关注：接待室在办公建筑中的利用频率是很高的，有时甚至是主人向来访者炫耀自己档次的宣传品，明亮的灯光、精美的饰物、宽敞的空间都是其他场所难以替代的，特别是入口的门能够设计得够高够大，可起到画龙点睛的效果。房间内辅助服务设施应尽量少，甚至不设置，因为这里的服务都是由专人在房间外准备的。如果有附属的卫生间，千万不要设置多人共同使用的器具，这个场所的来宾大都是单独使用卫生间的。

上海国际新闻中心

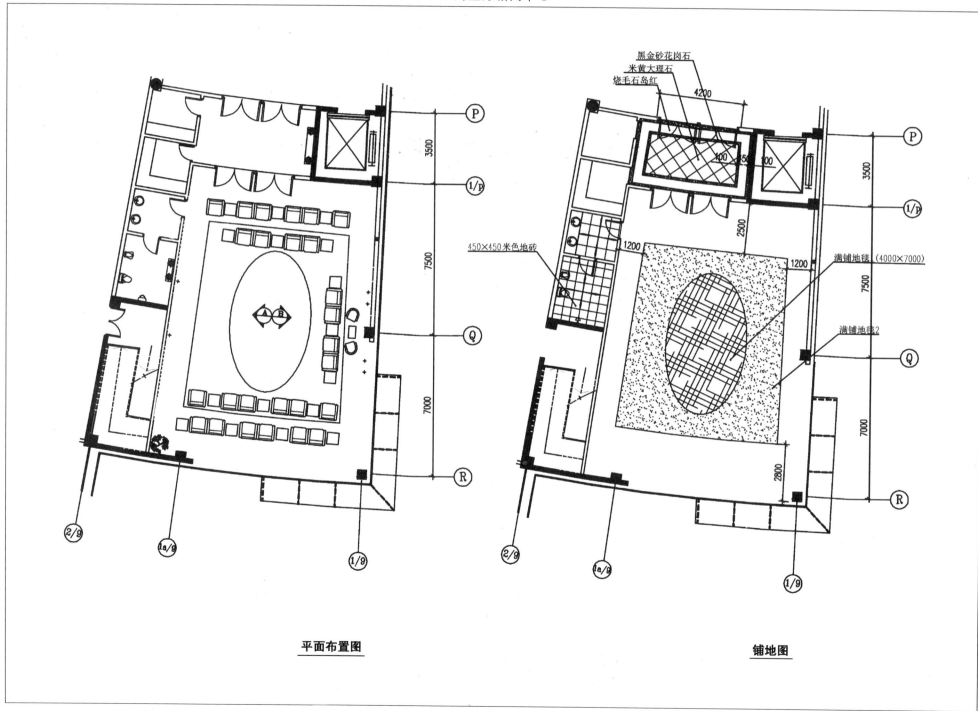

平面布置图　　　　　铺地图

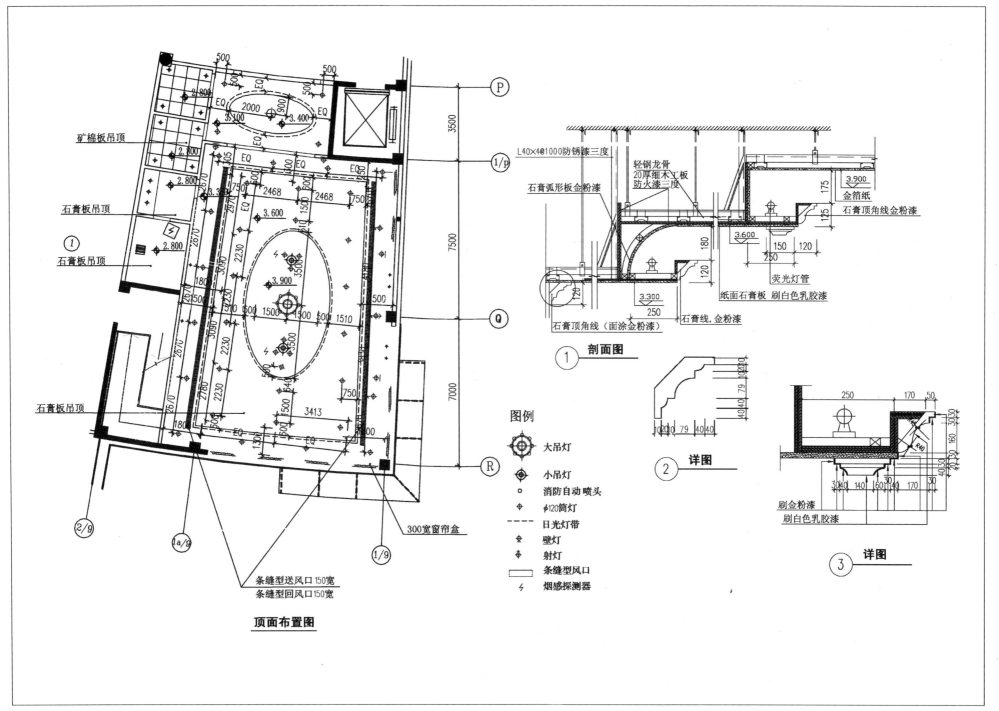

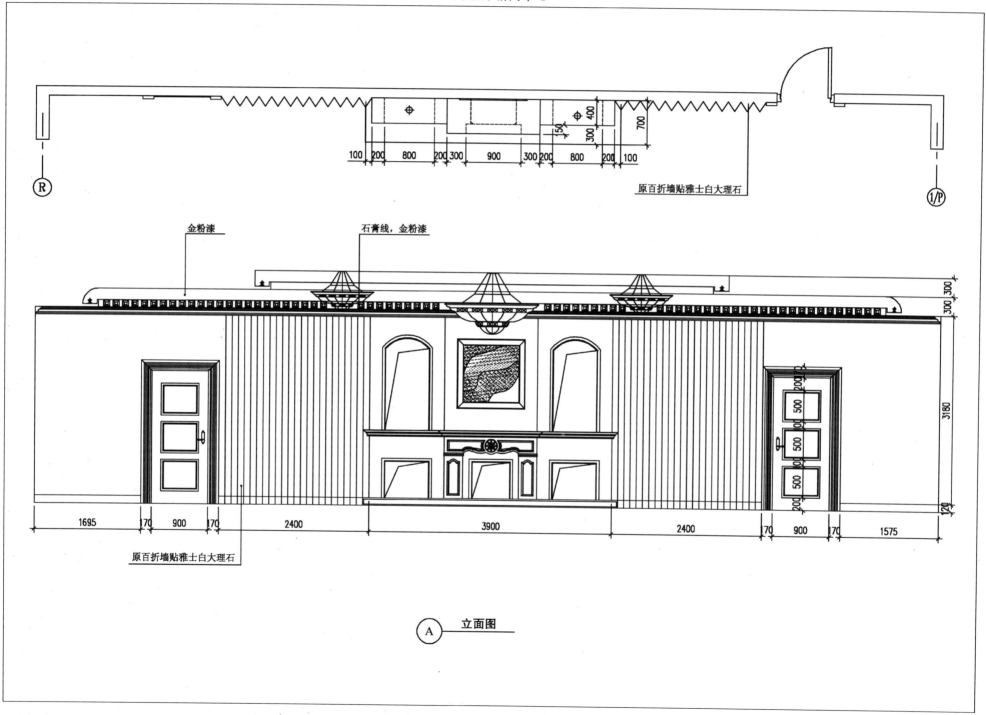

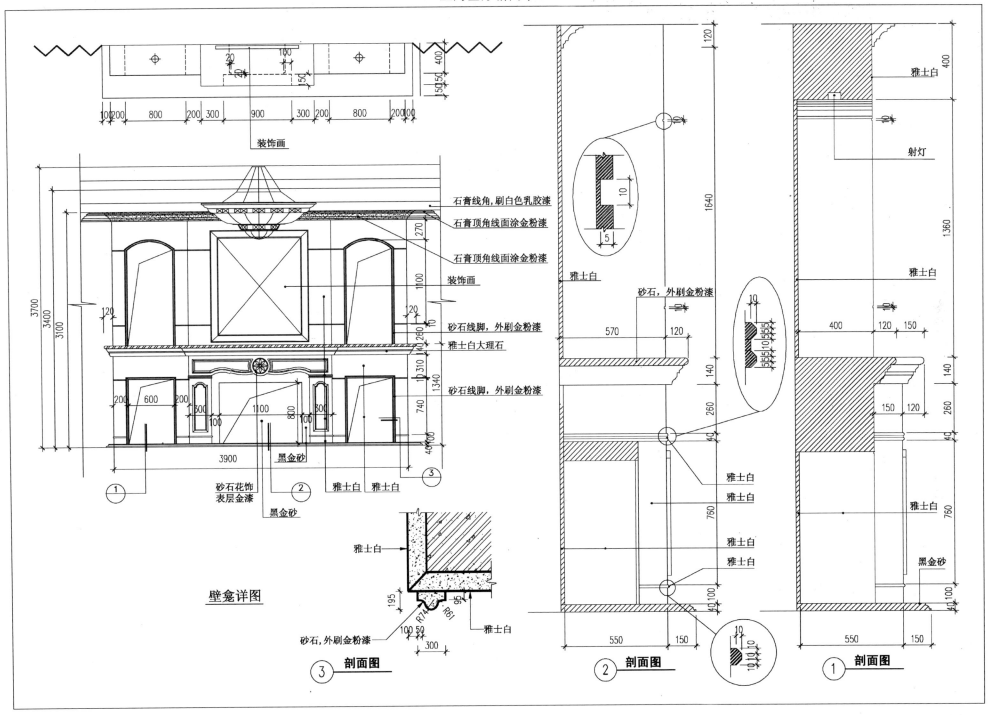

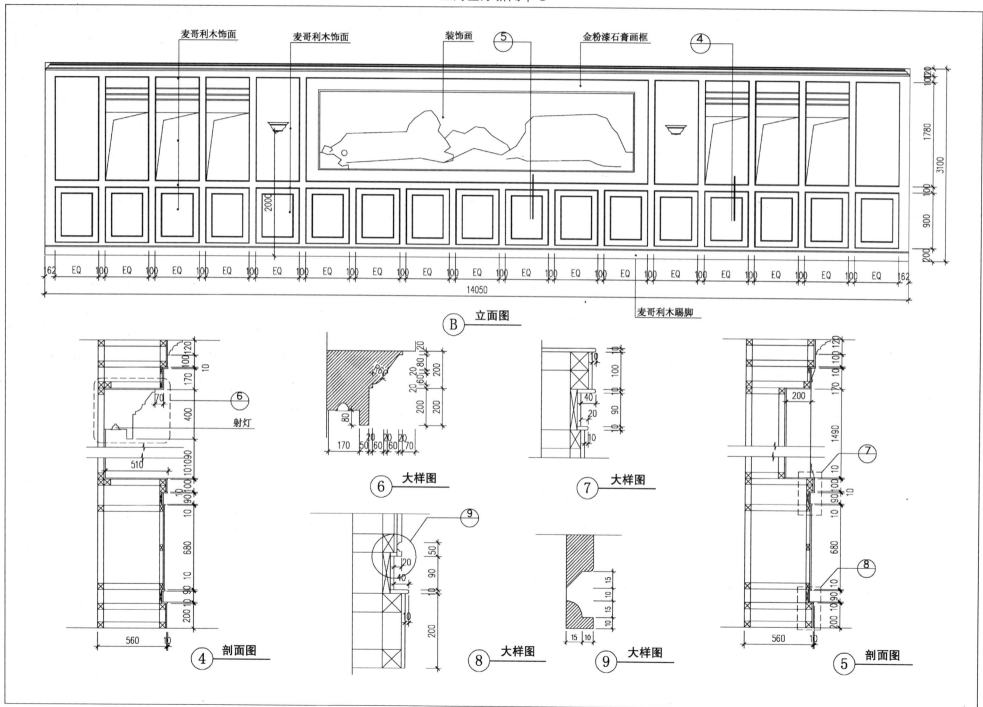

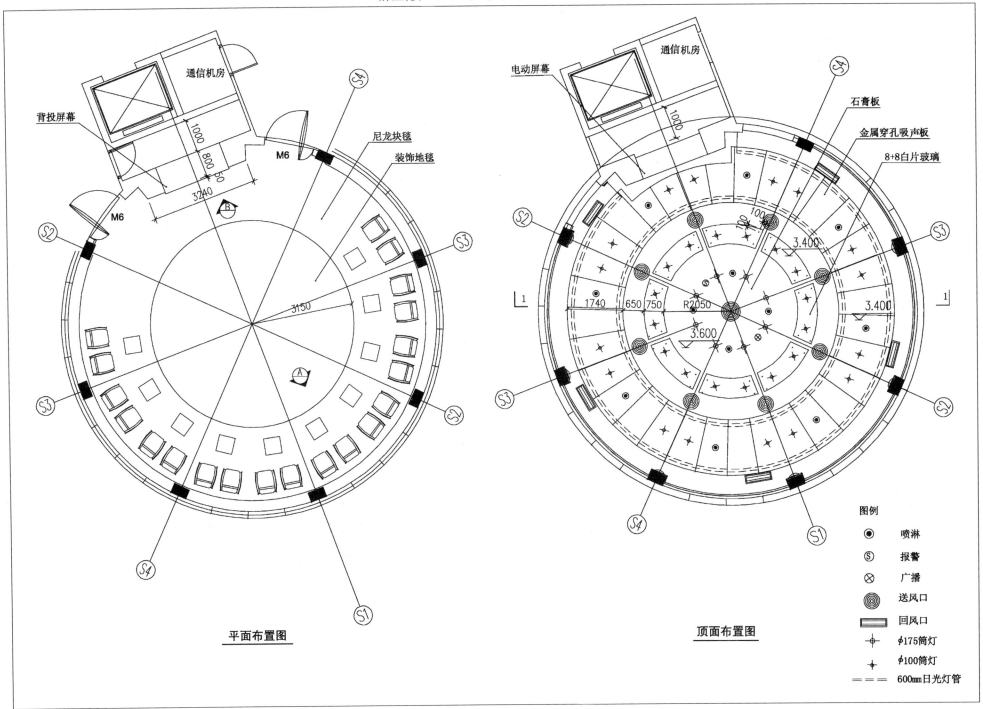

新疆德隆国际战略投资有限公司总部

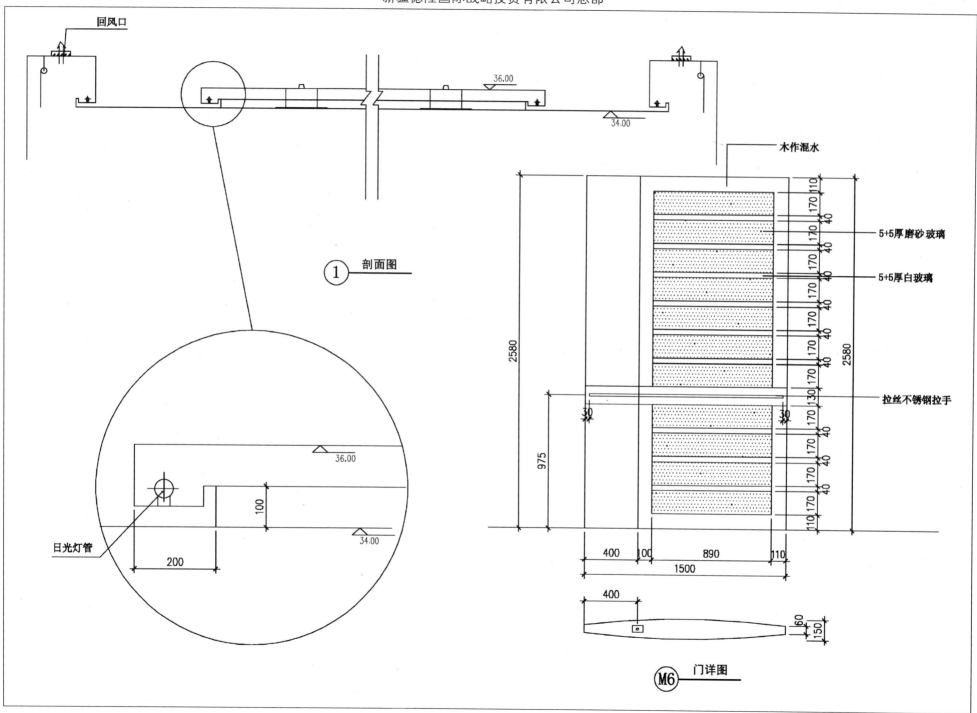

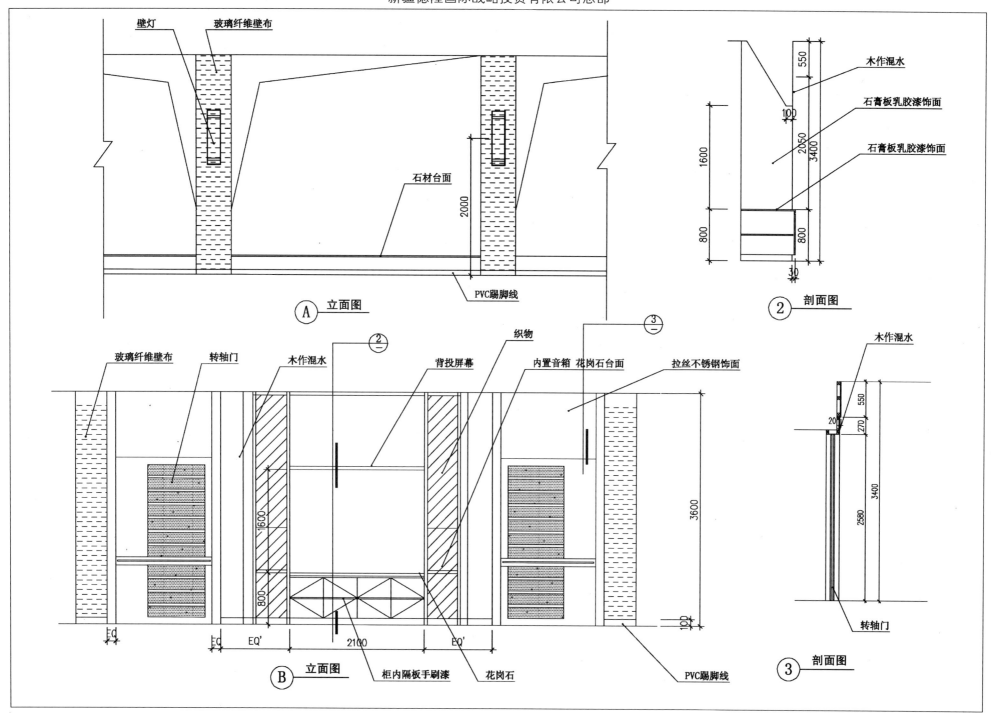

杭州剧院

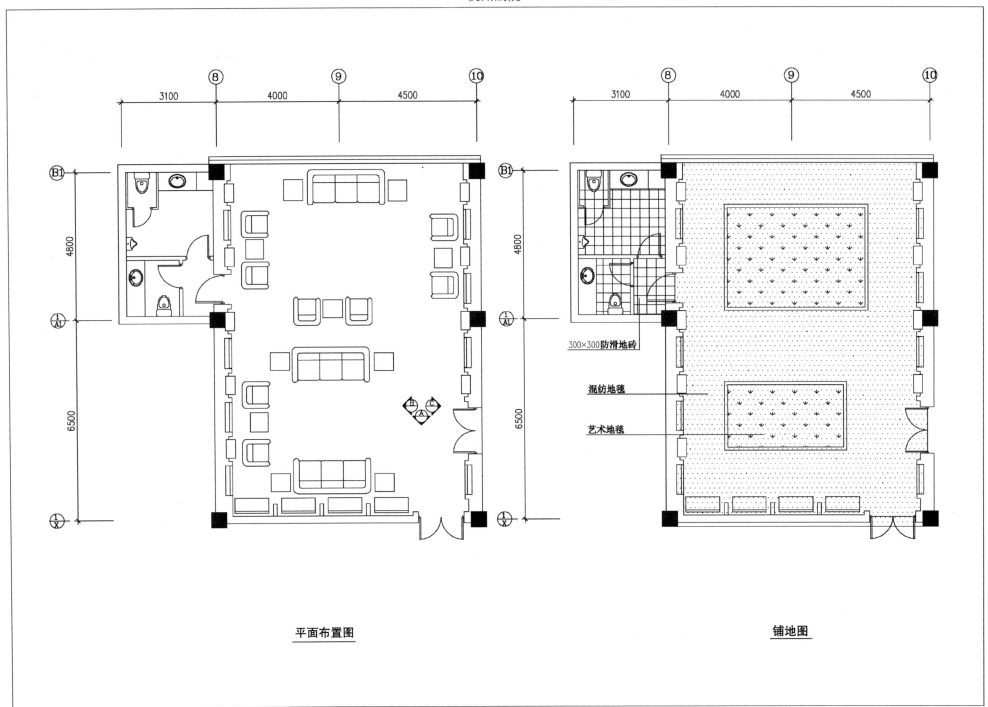

平面布置图　　　　　铺地图

杭州剧院

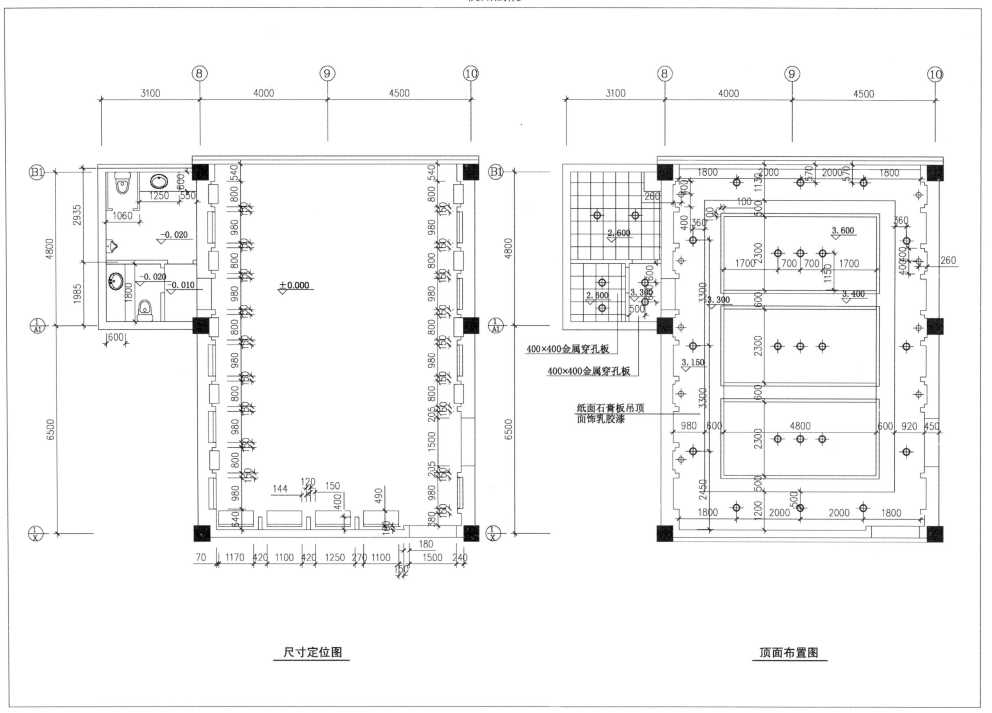

尺寸定位图　　　顶面布置图

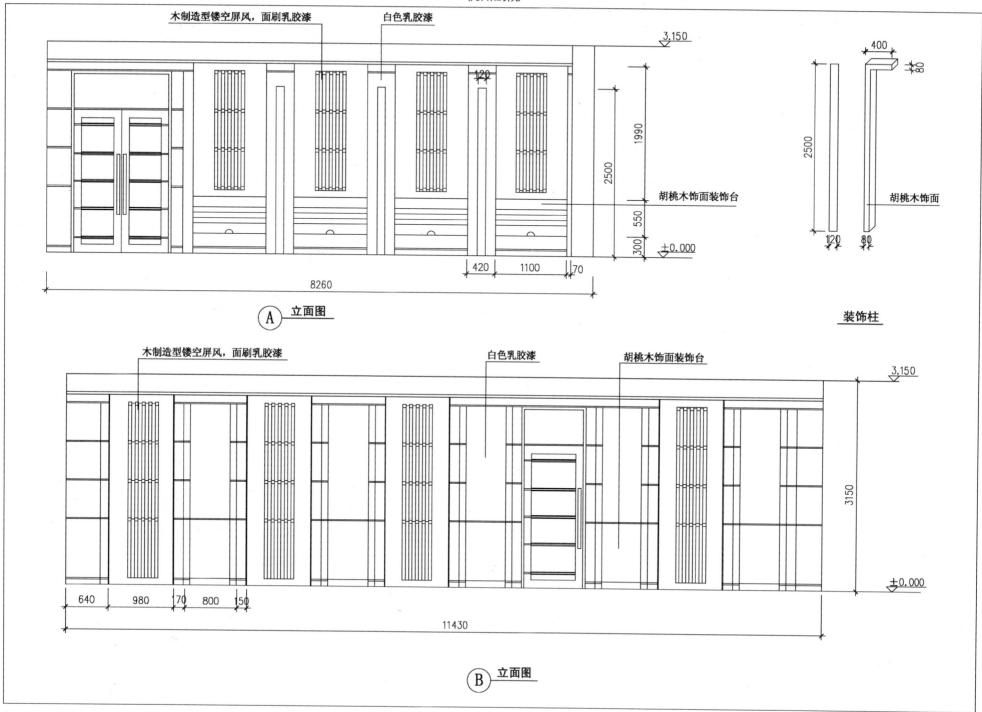

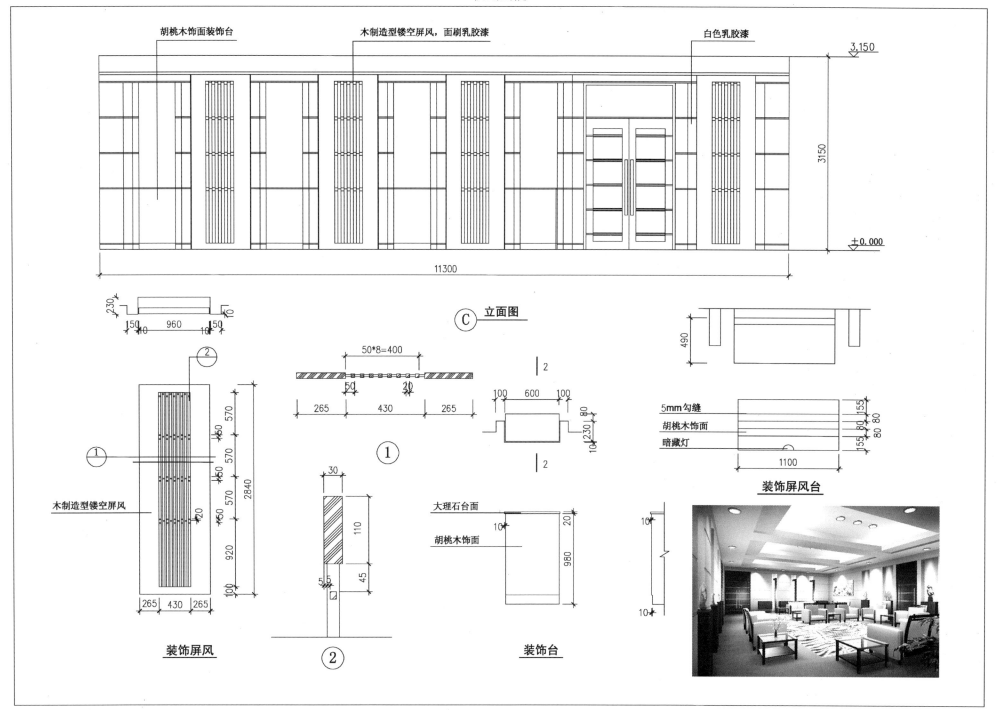

上海金茂大厦41层

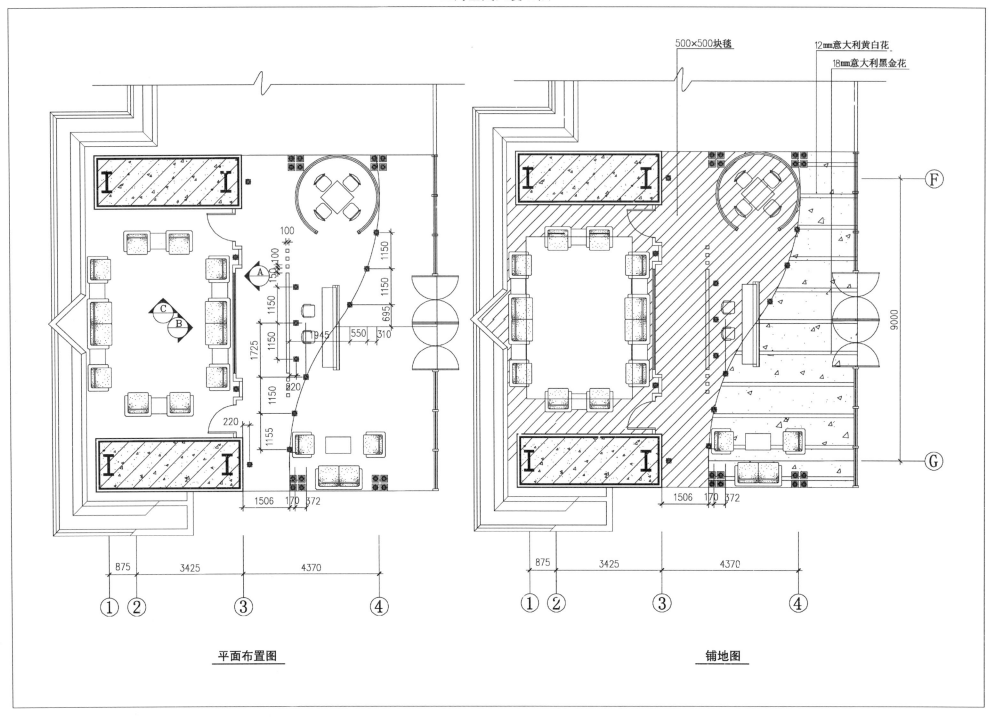

平面布置图　　　　　铺地图

上海金茂大厦41层

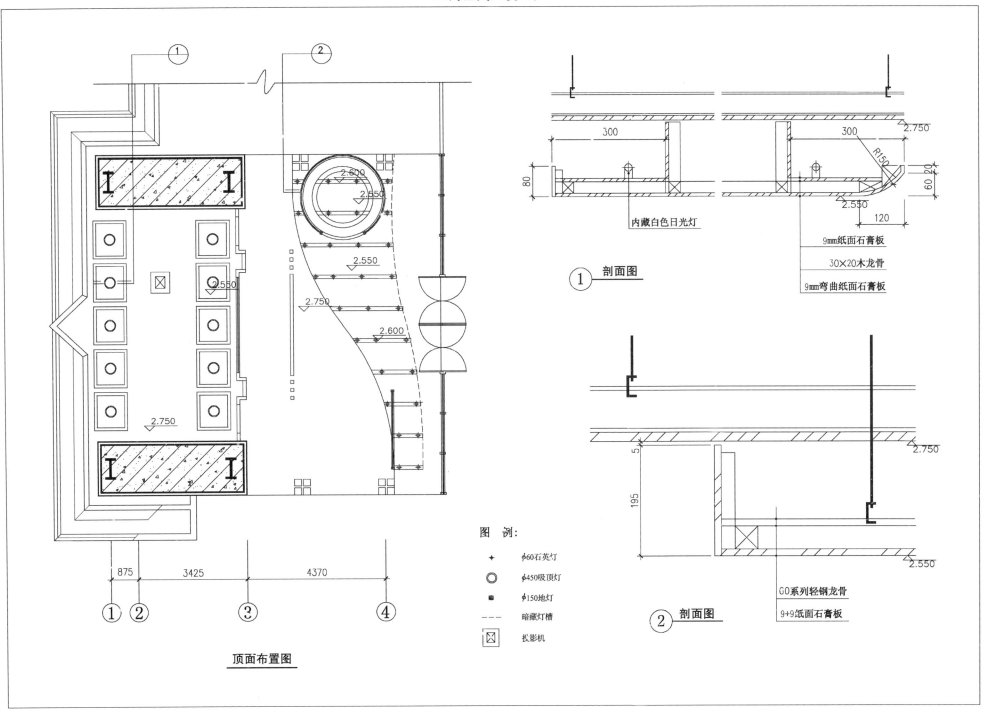

上海金茂大厦41层

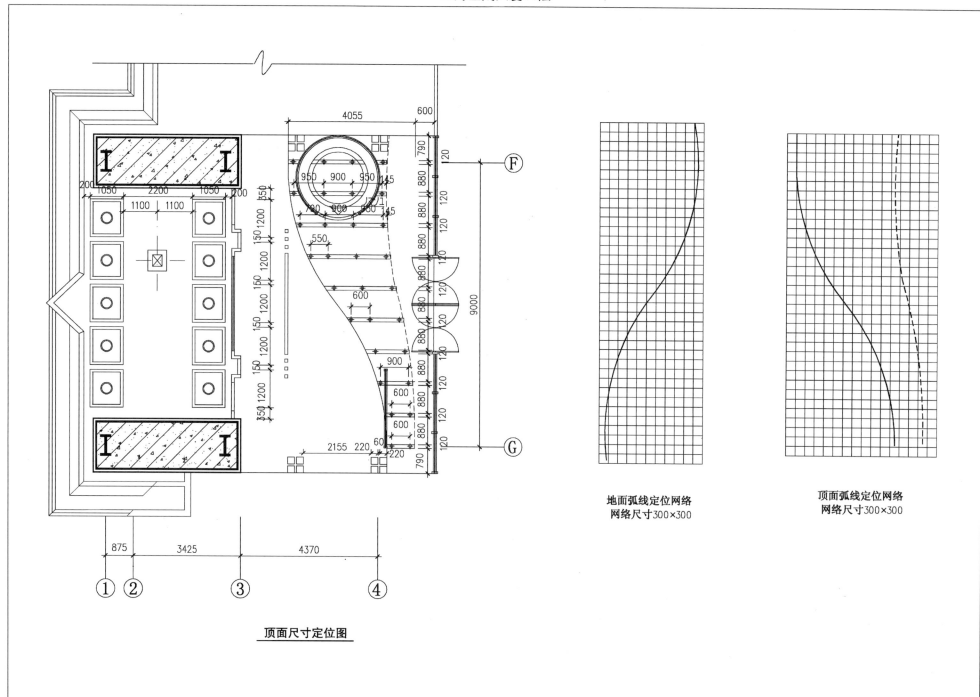

地面弧线定位网络
网络尺寸300×300

顶面弧线定位网络
网络尺寸300×300

顶面尺寸定位图

16

上海金茂大厦41层

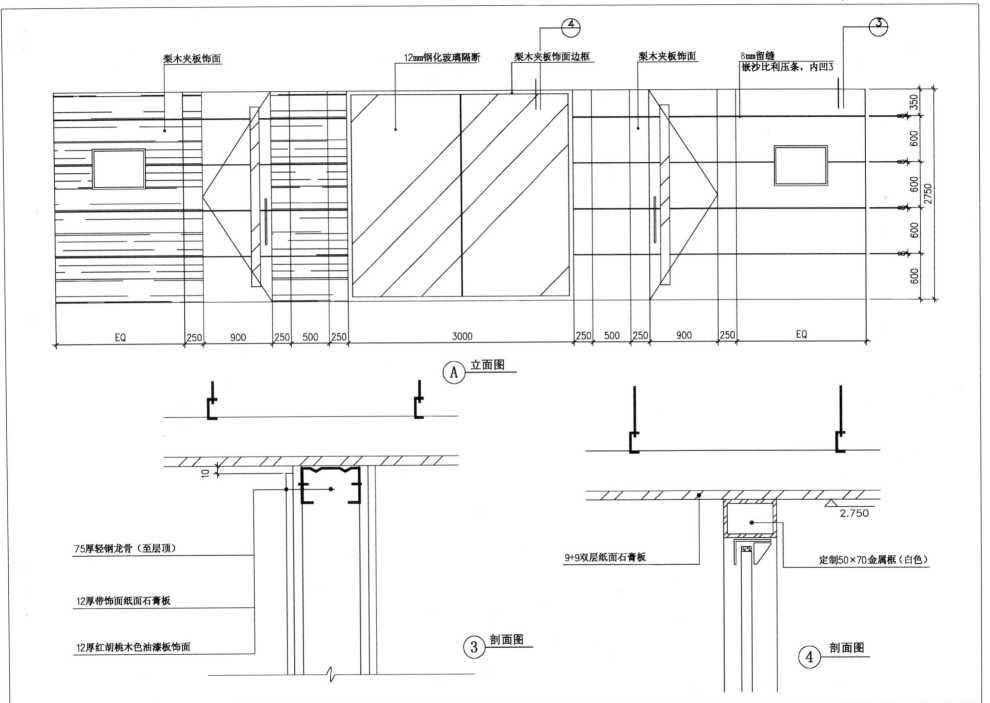

上海金茂大厦41层

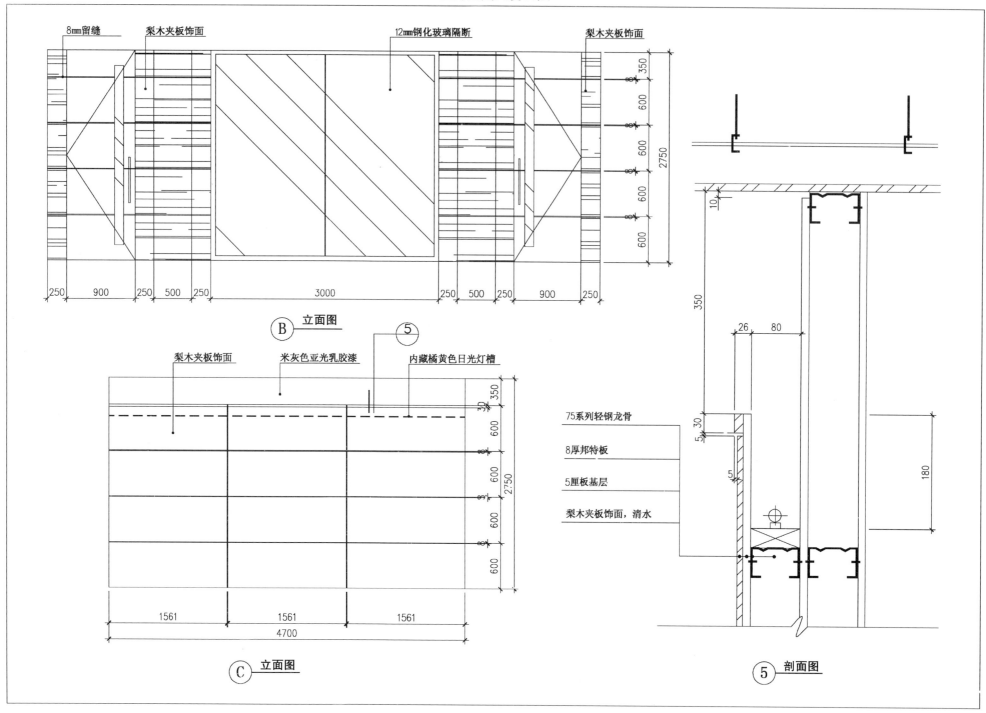

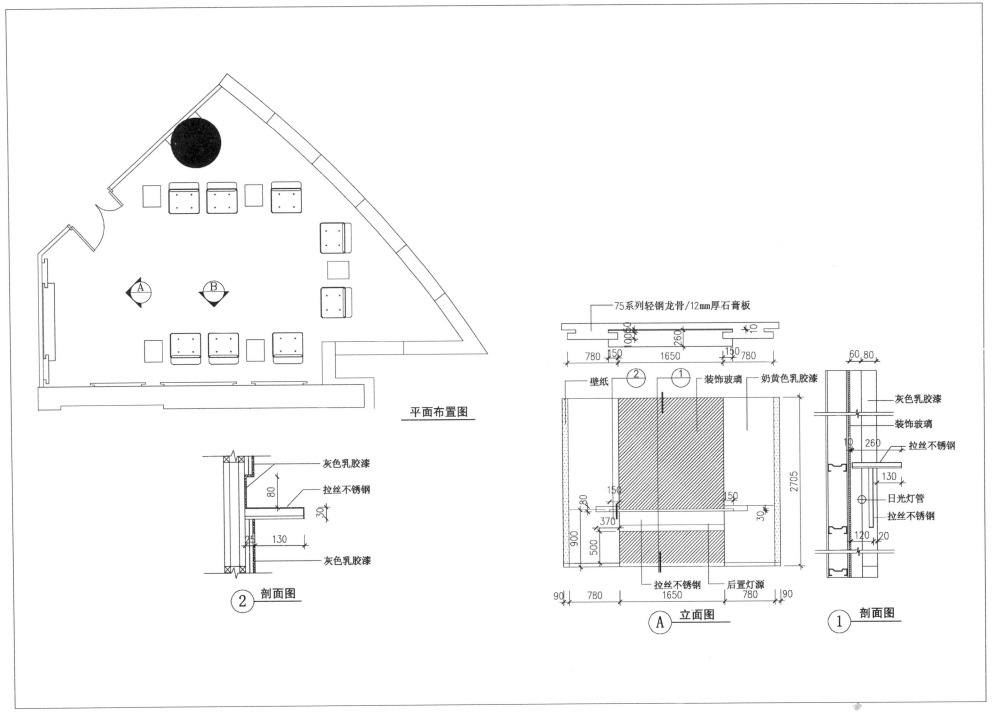

上海久事大厦

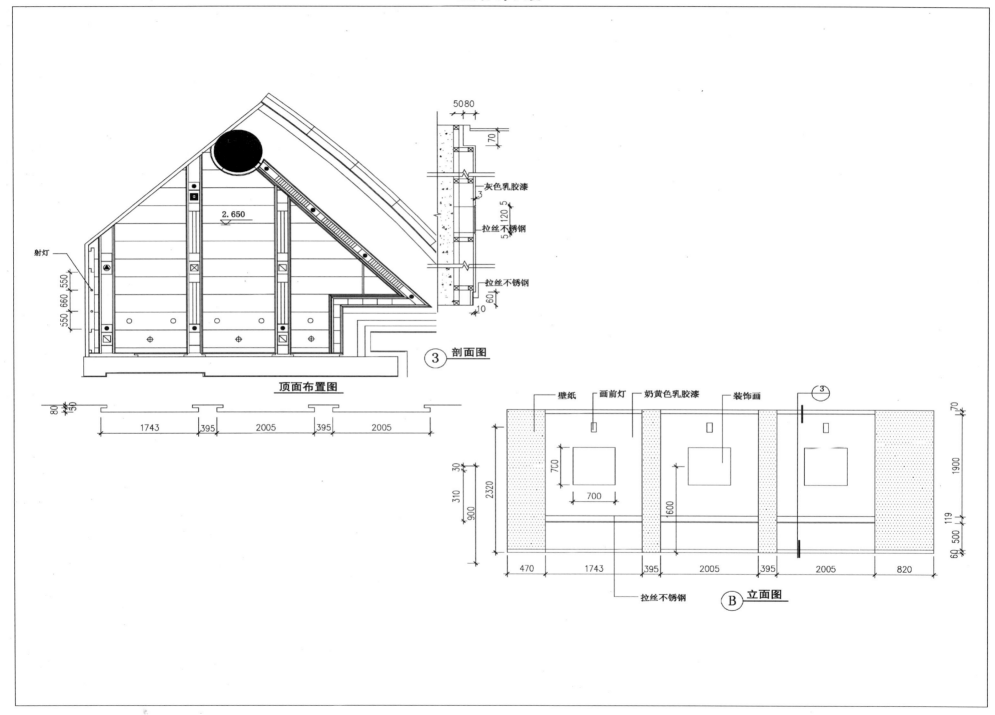

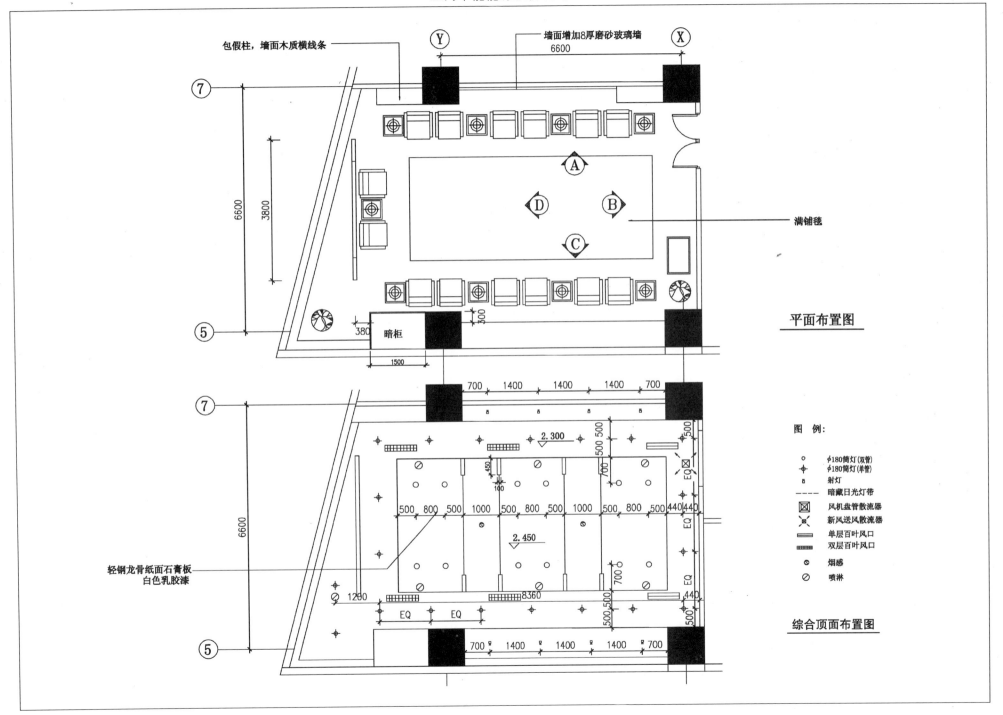

上海申能能源股份公司

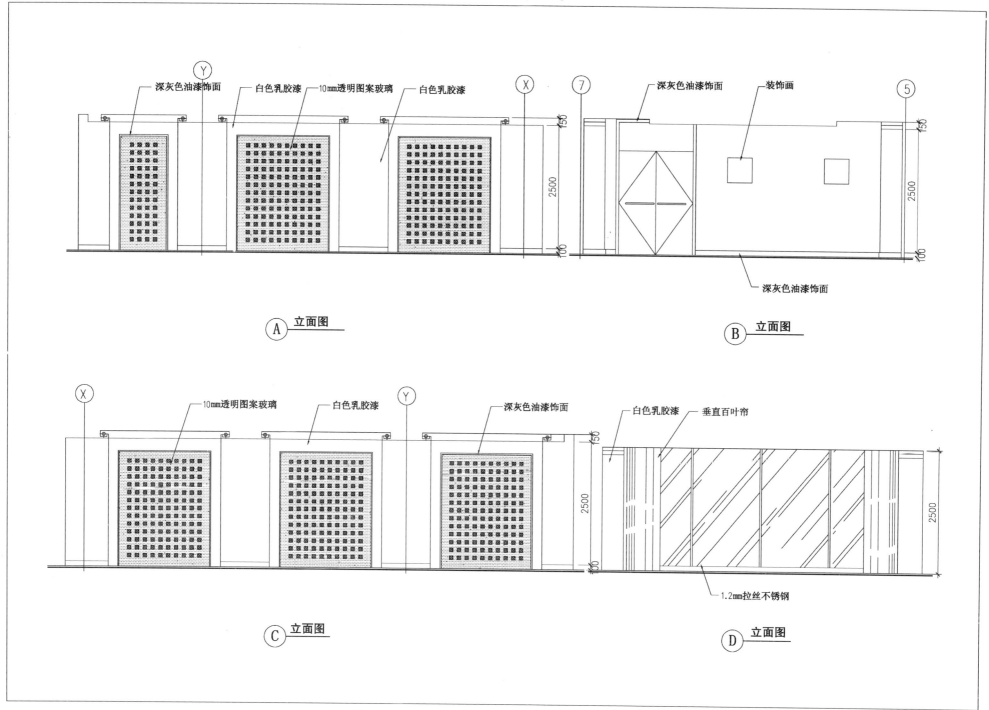

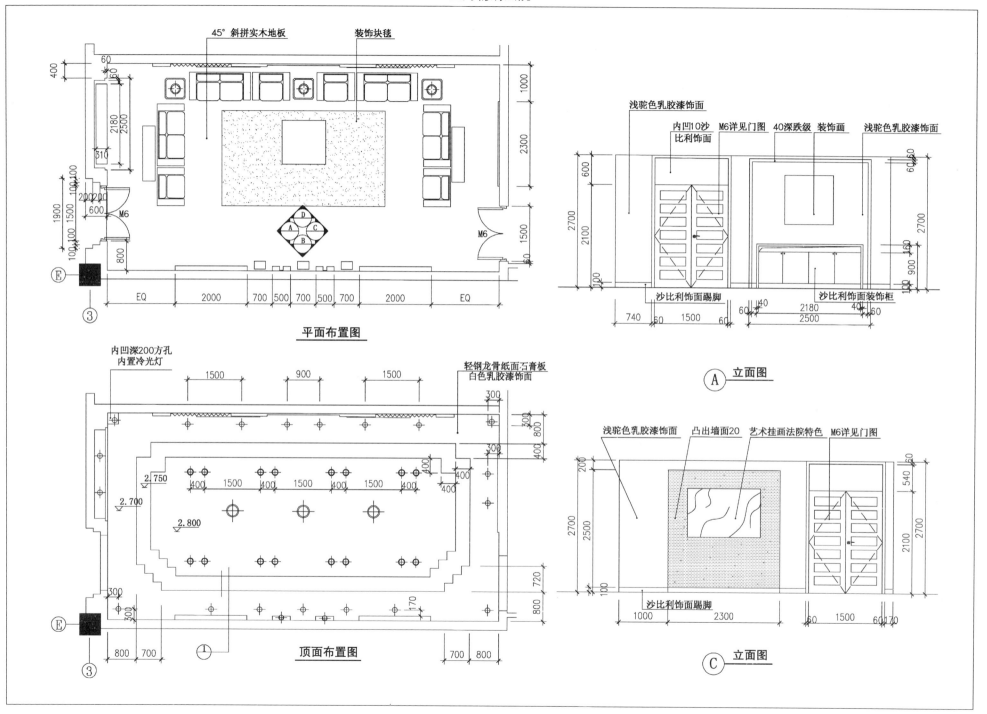

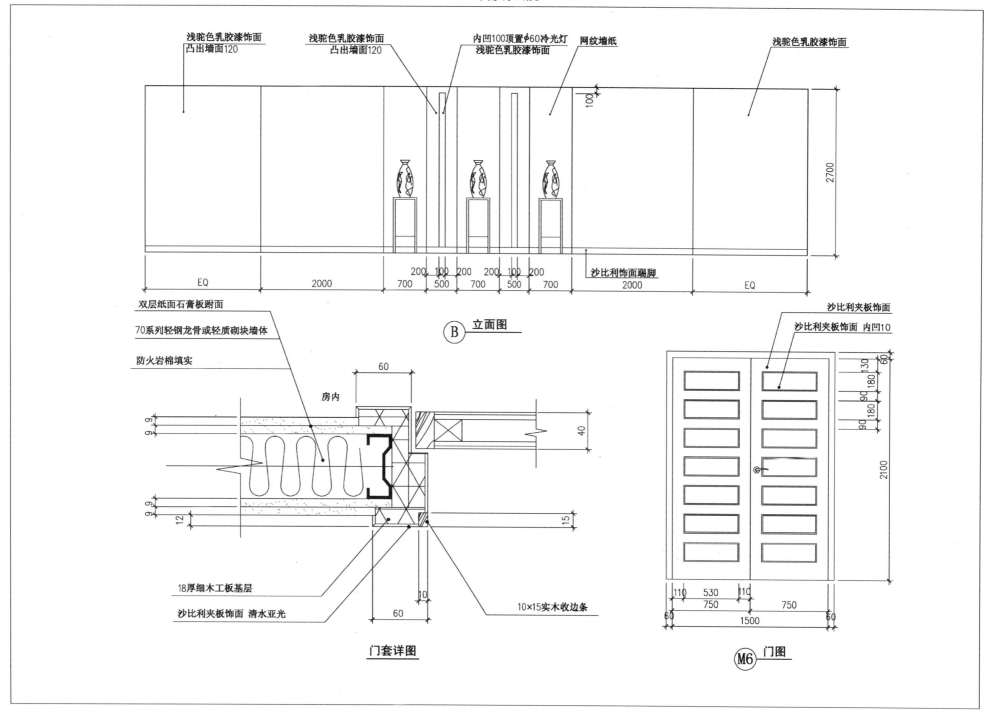

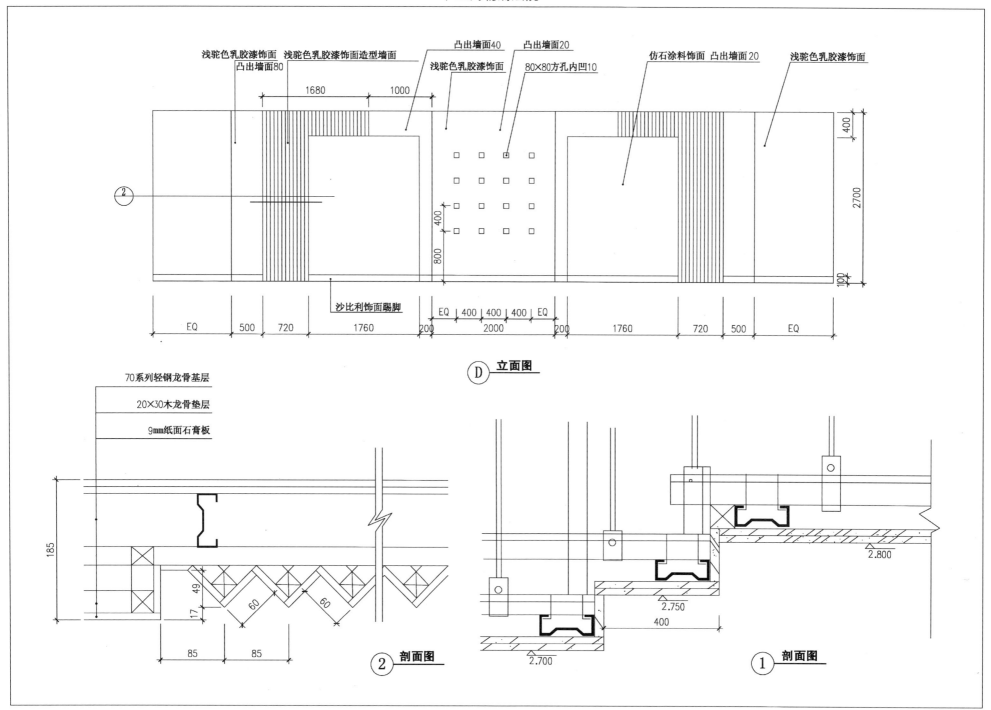

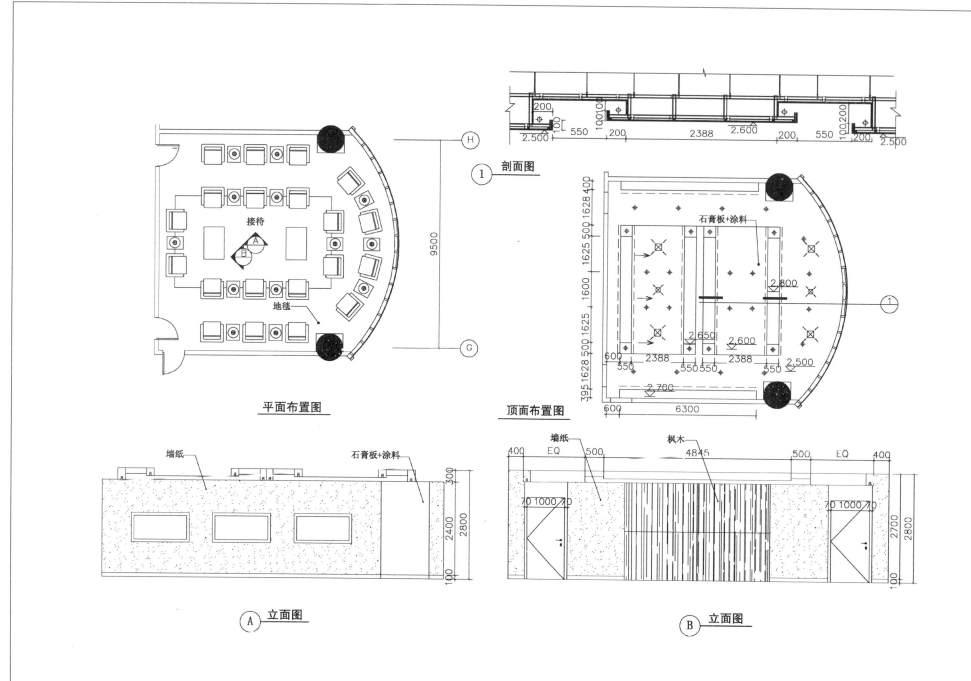

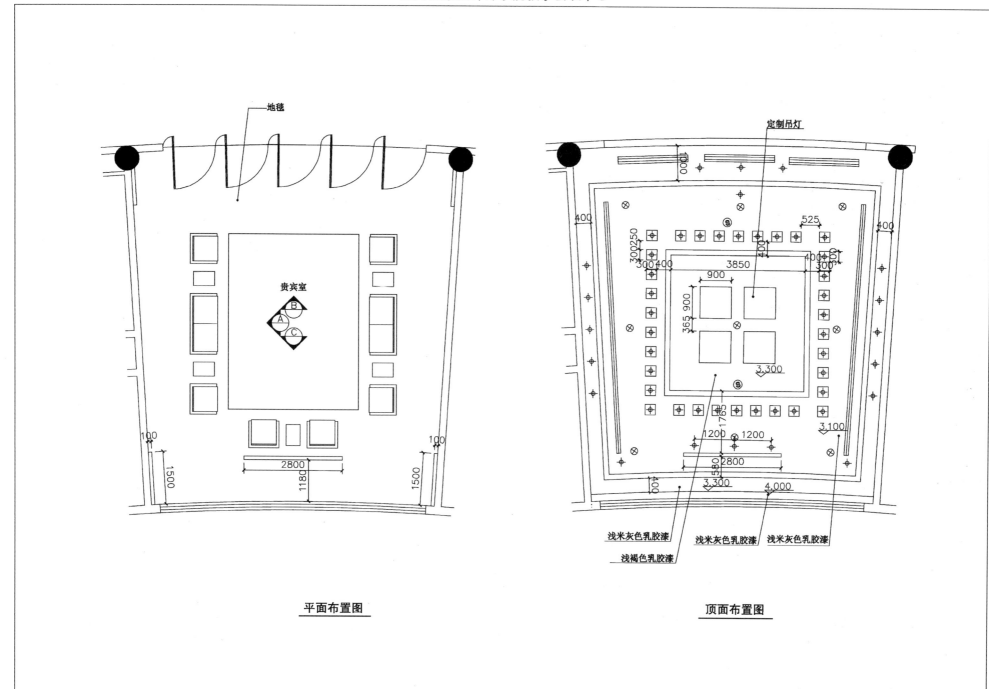

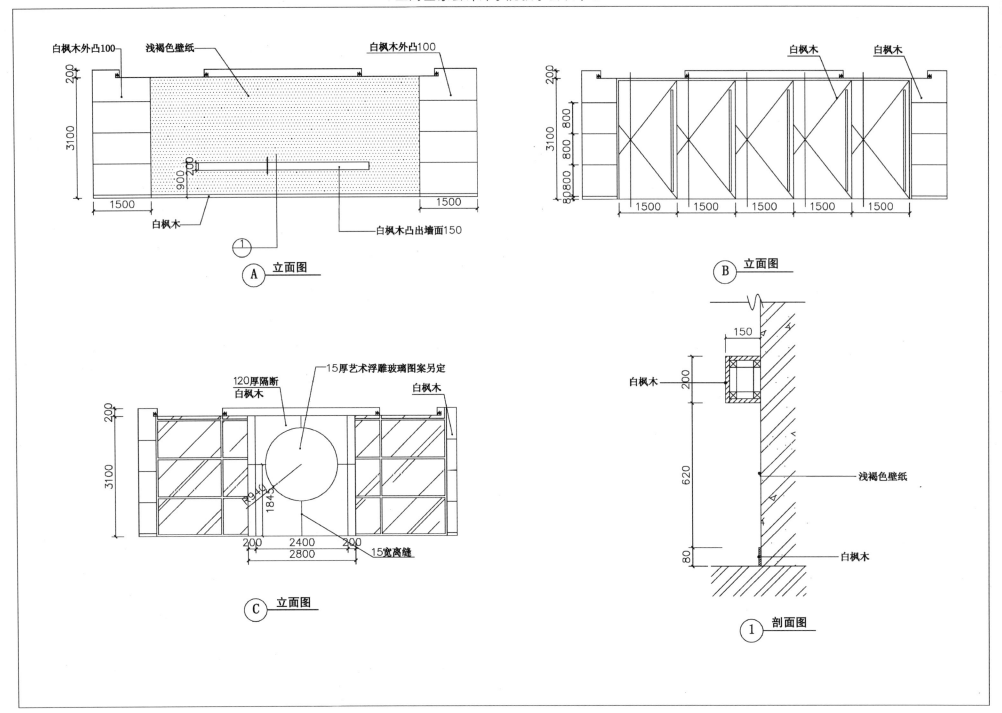

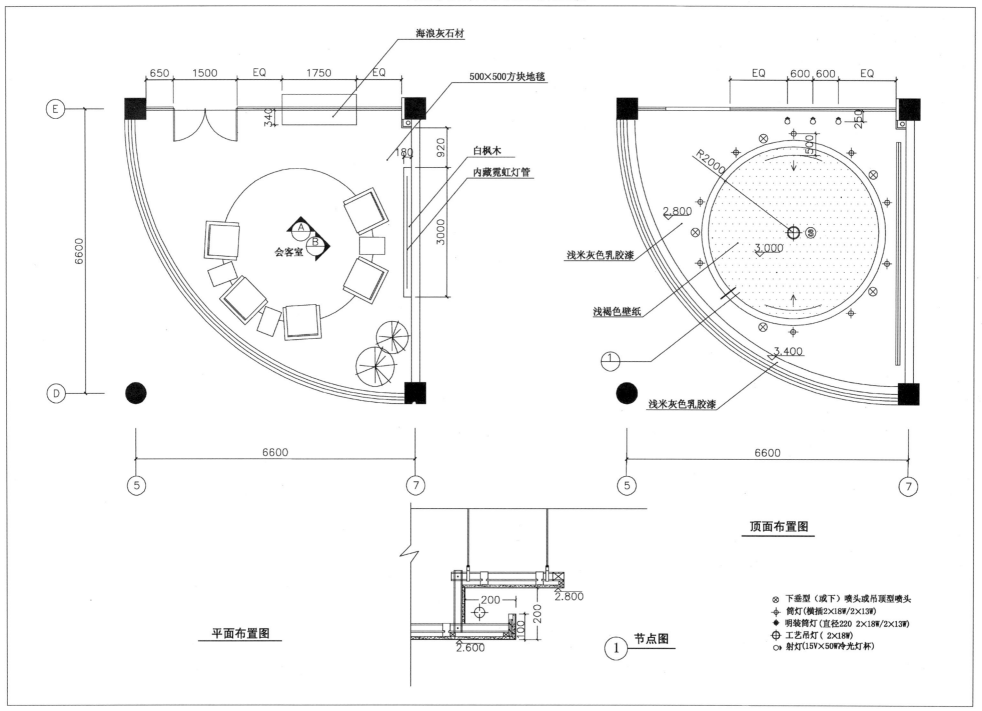

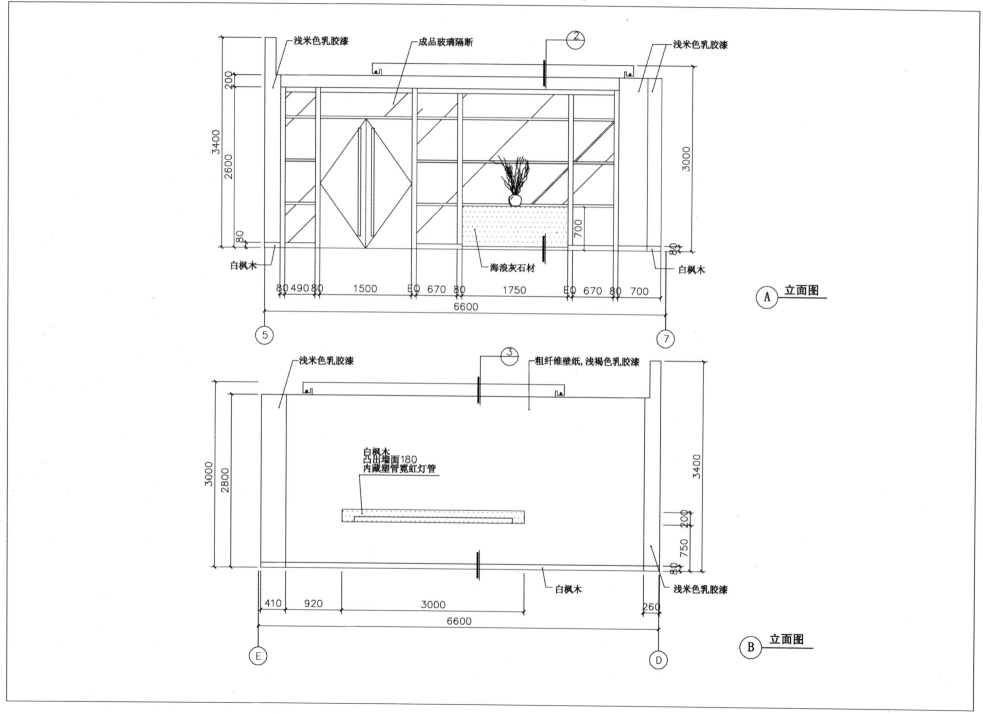

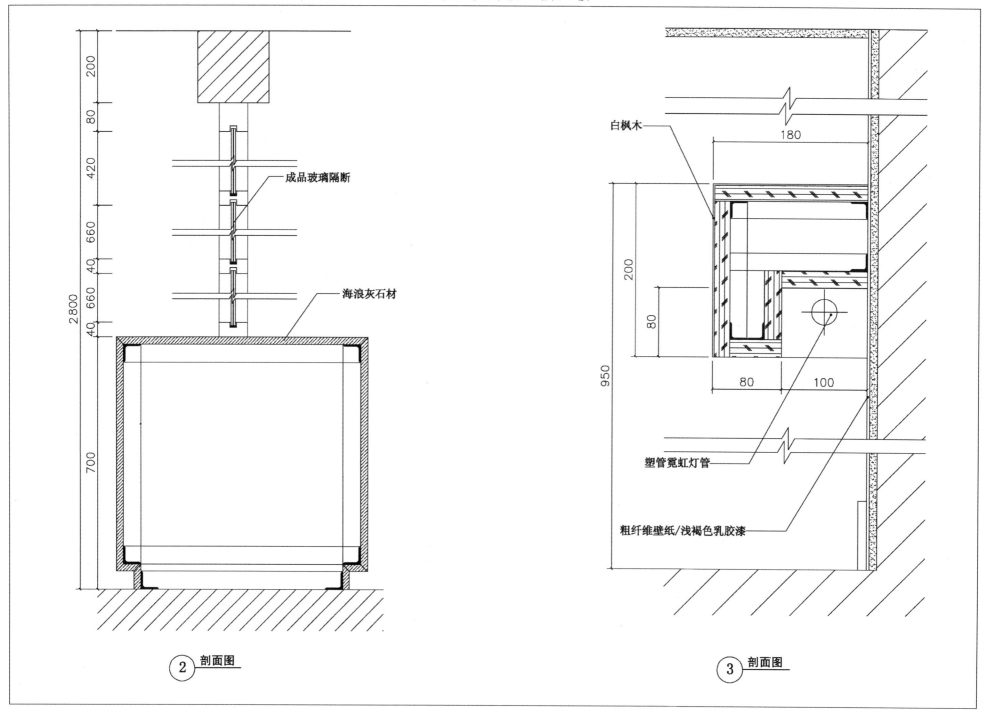

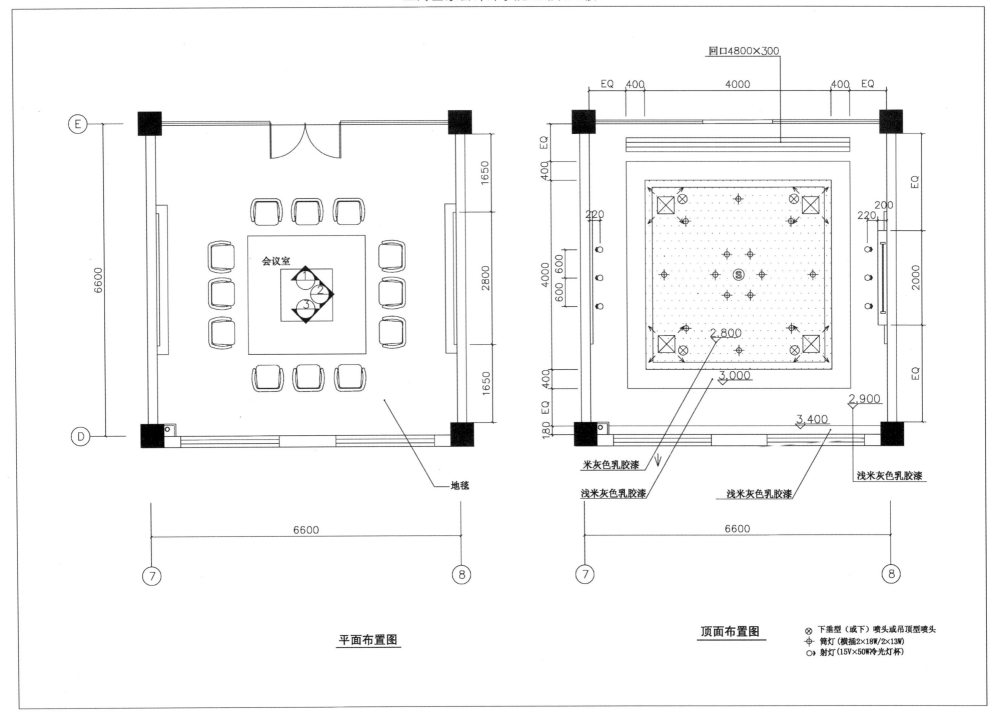

上海国家会计师学院后勤物业楼

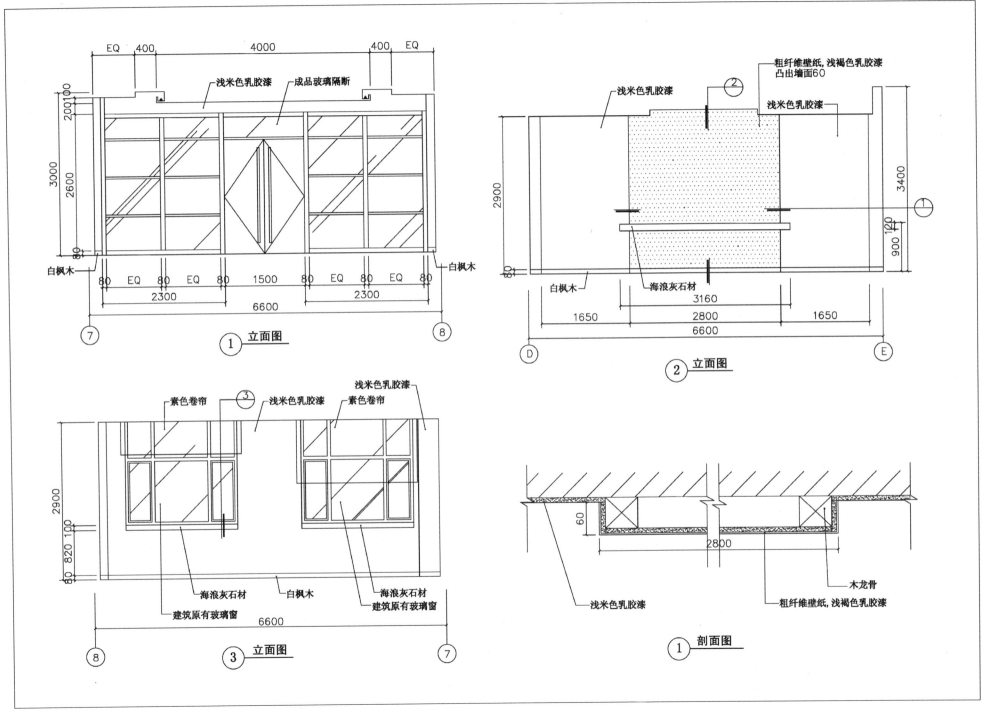

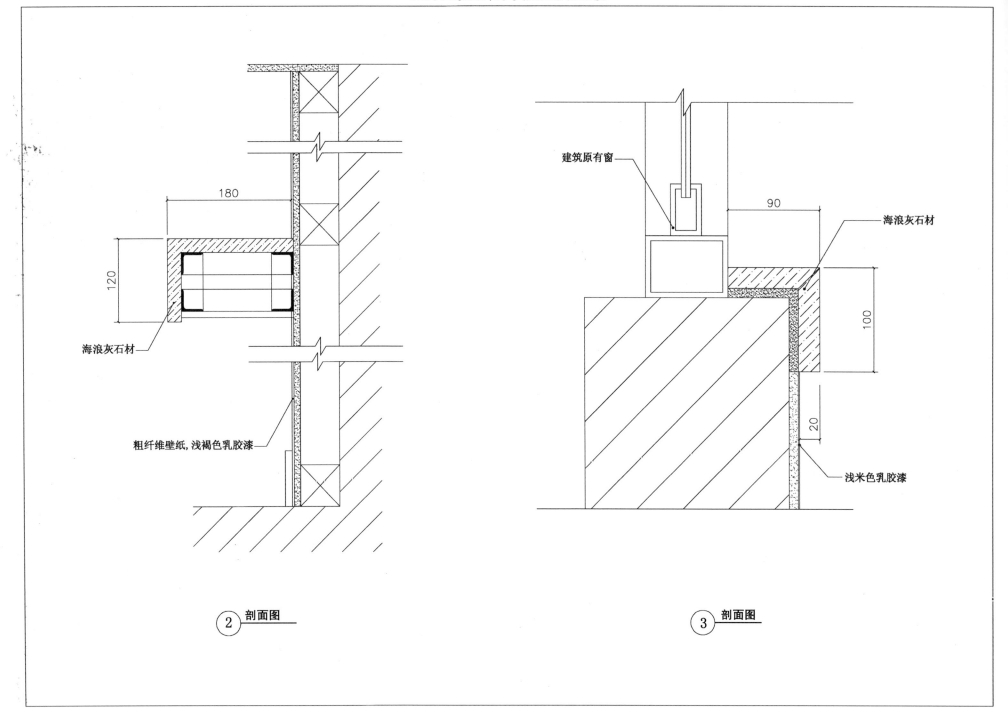

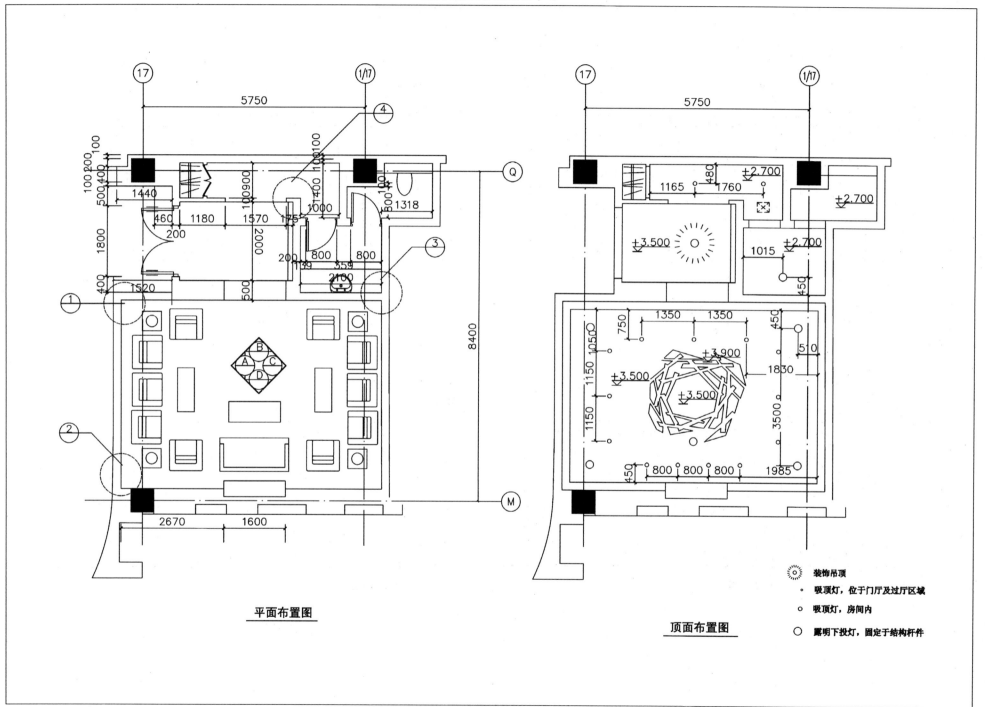

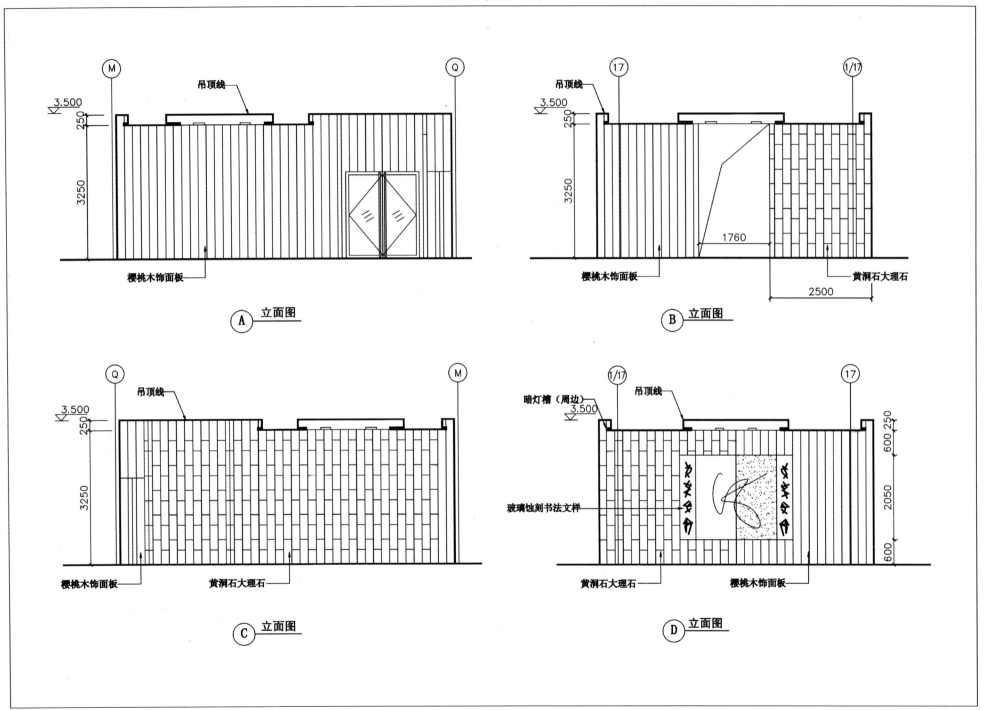

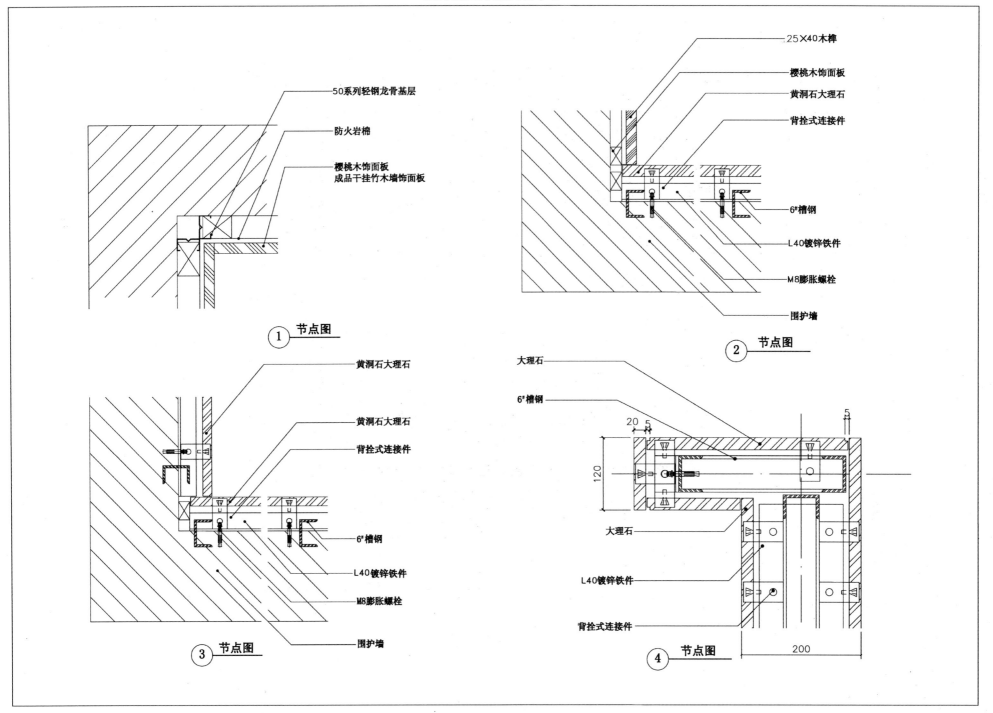

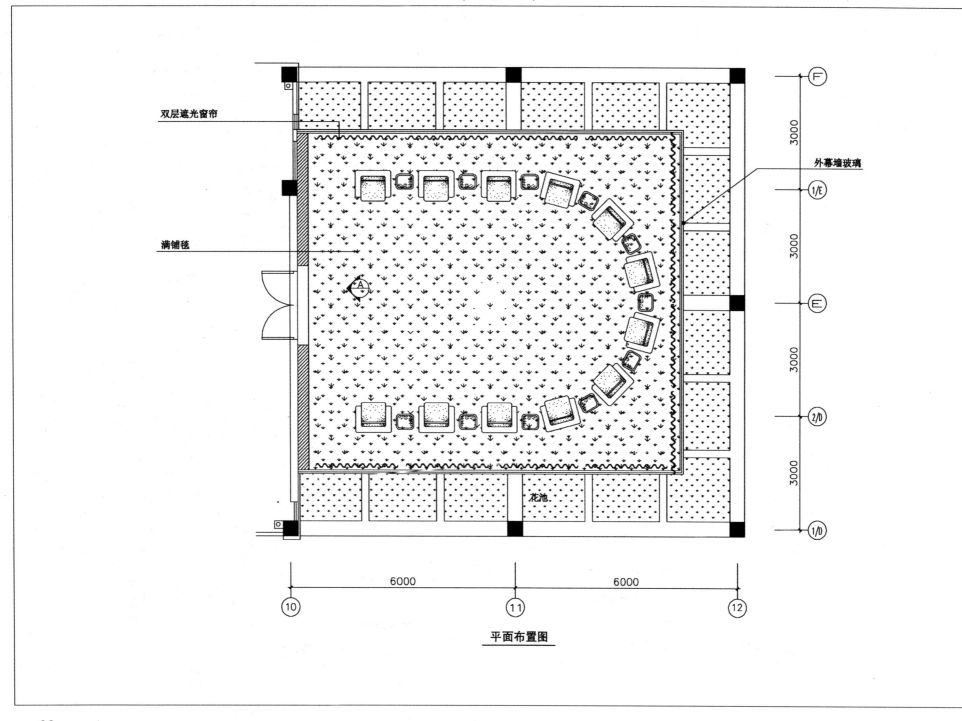

大宁绿地会议中心

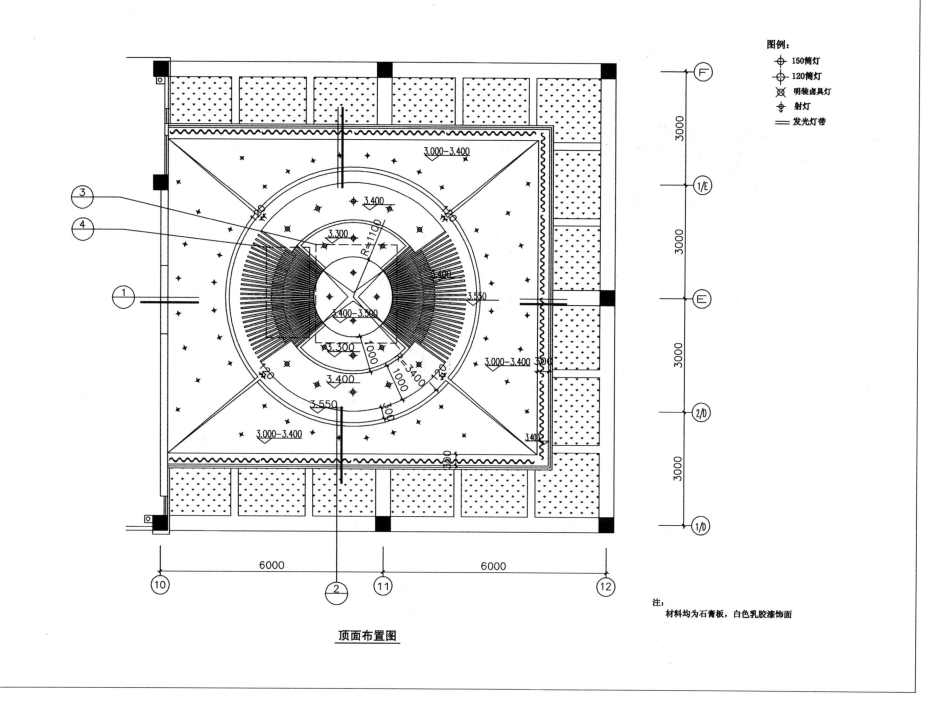

顶面布置图

注:
材料均为石膏板,白色乳胶漆饰面

图例:
- 150筒灯
- 120筒灯
- 明装卤具灯
- 射灯
- 发光灯带

大宁绿地会议中心

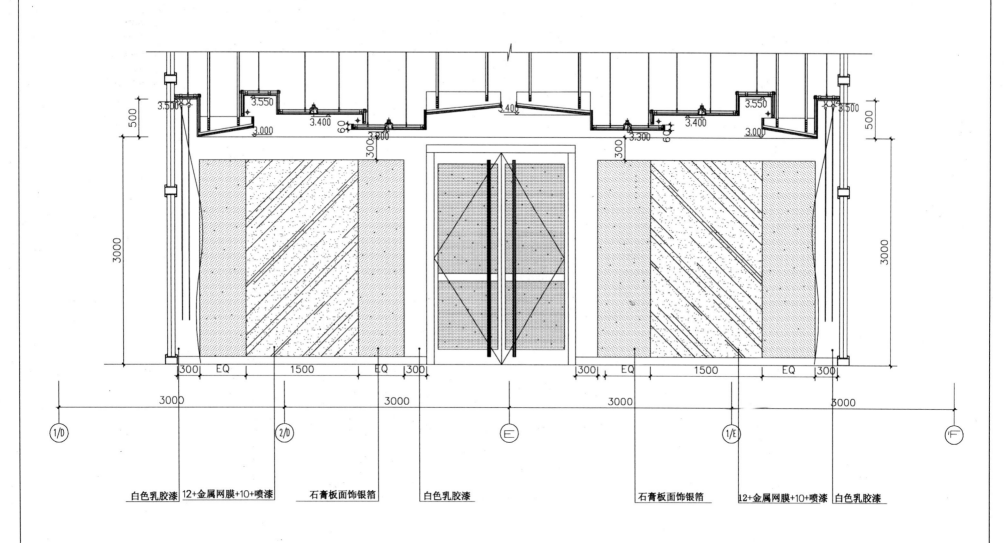

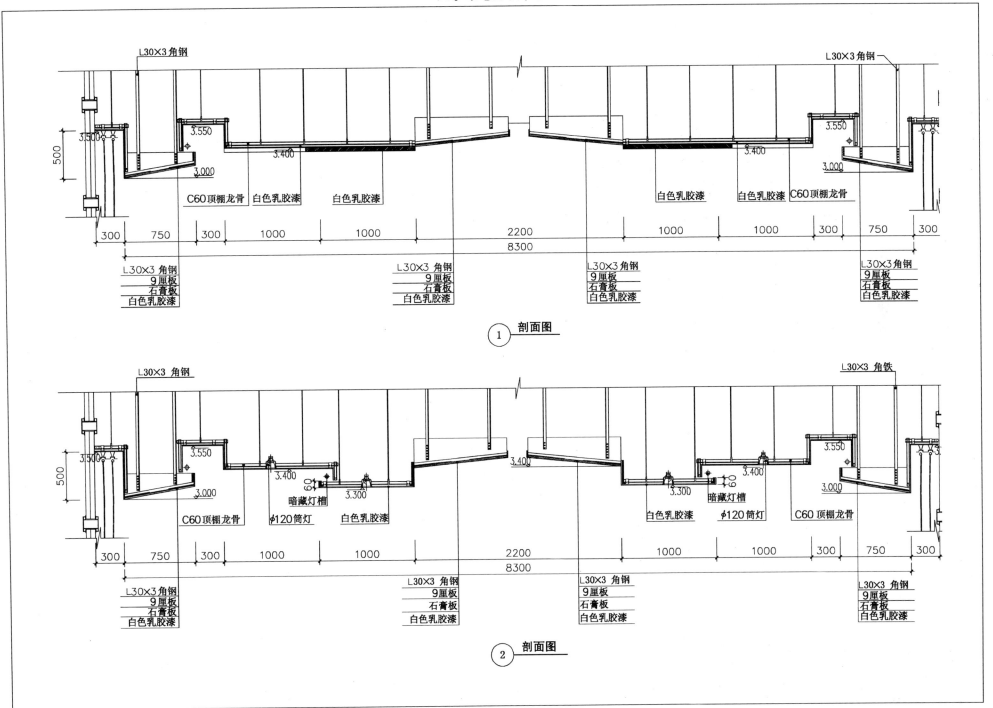

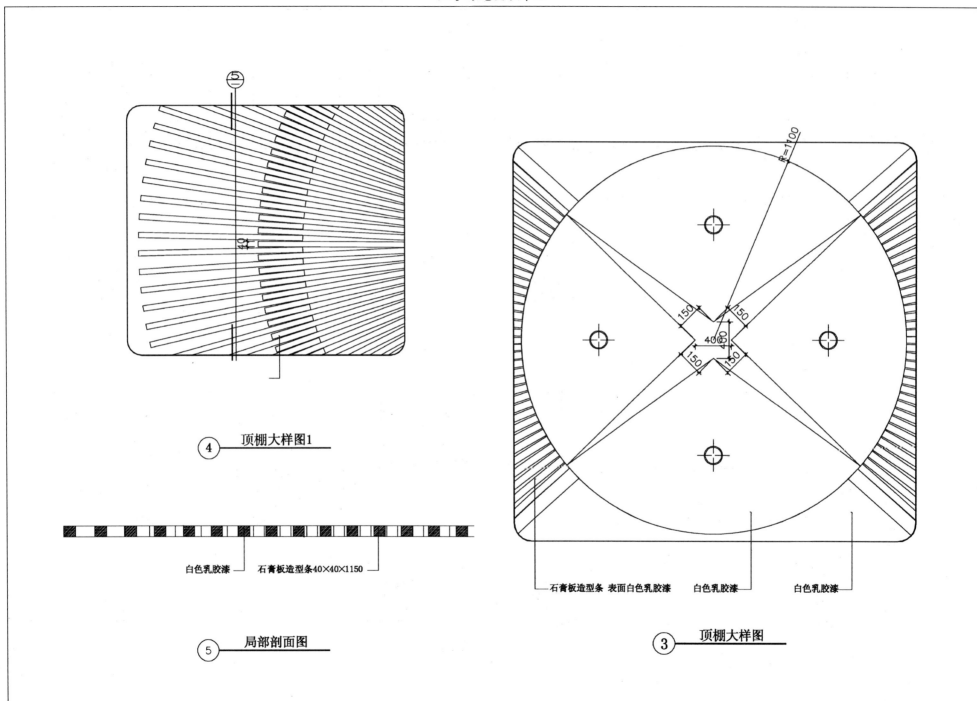

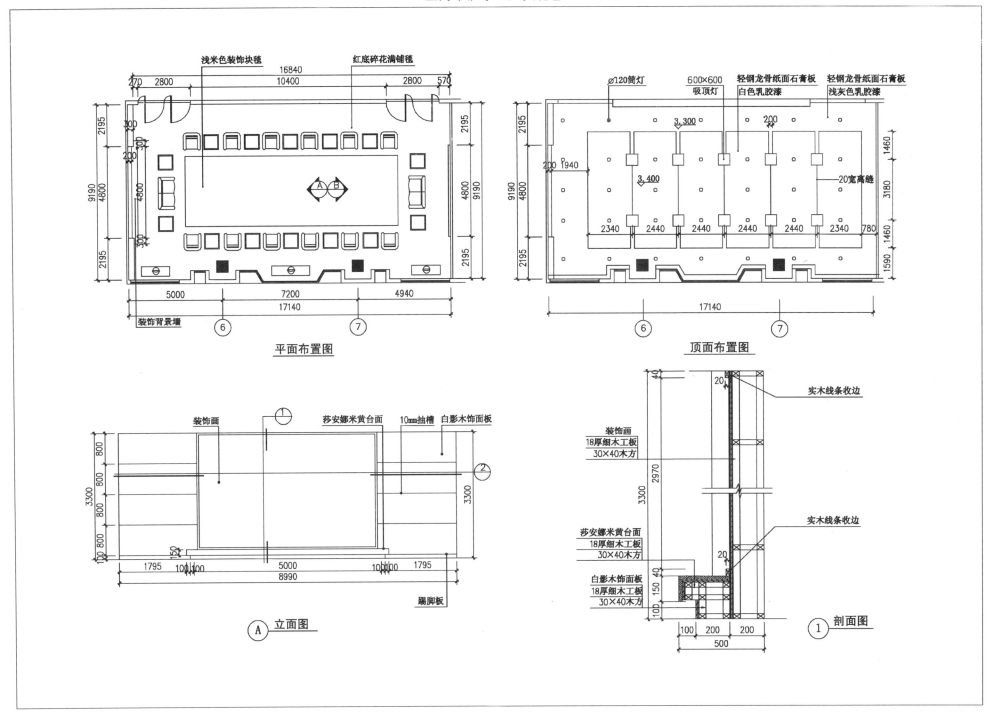

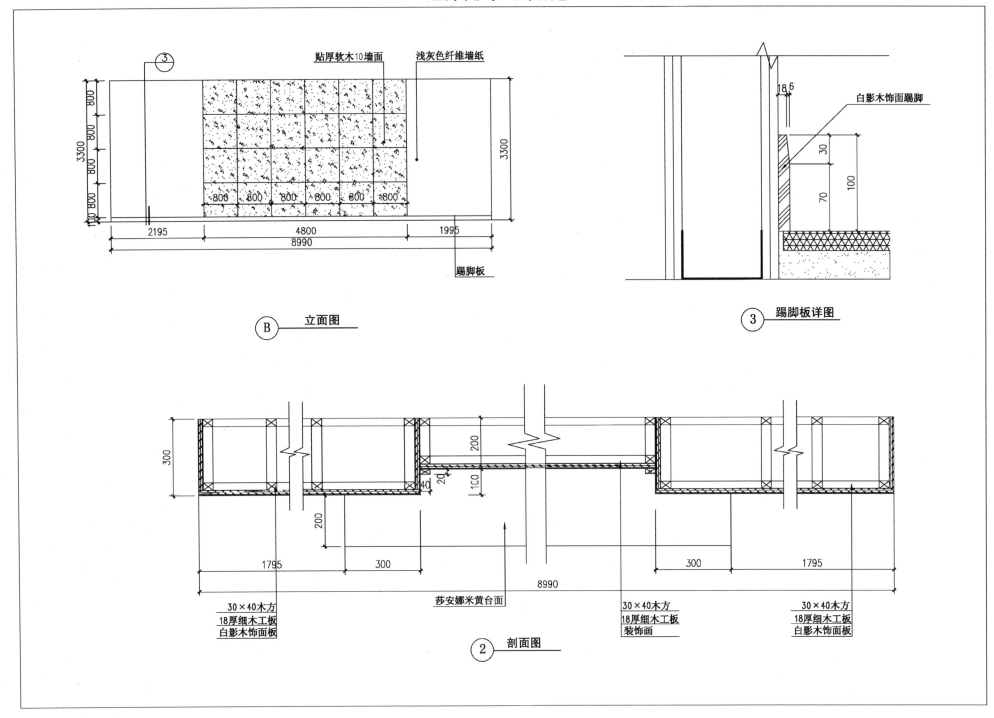

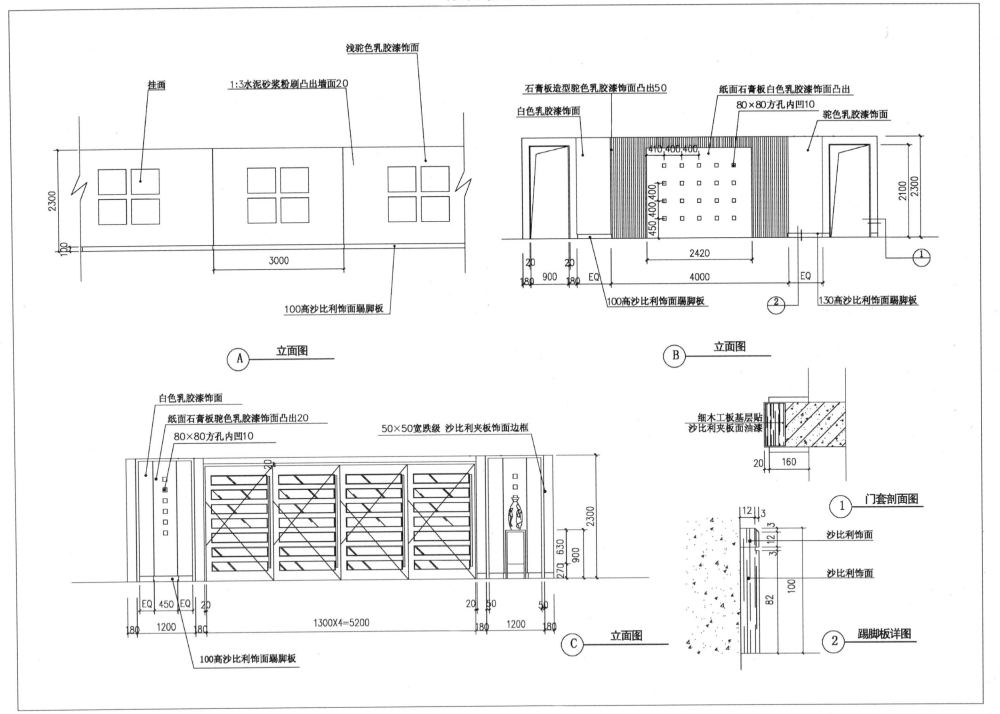

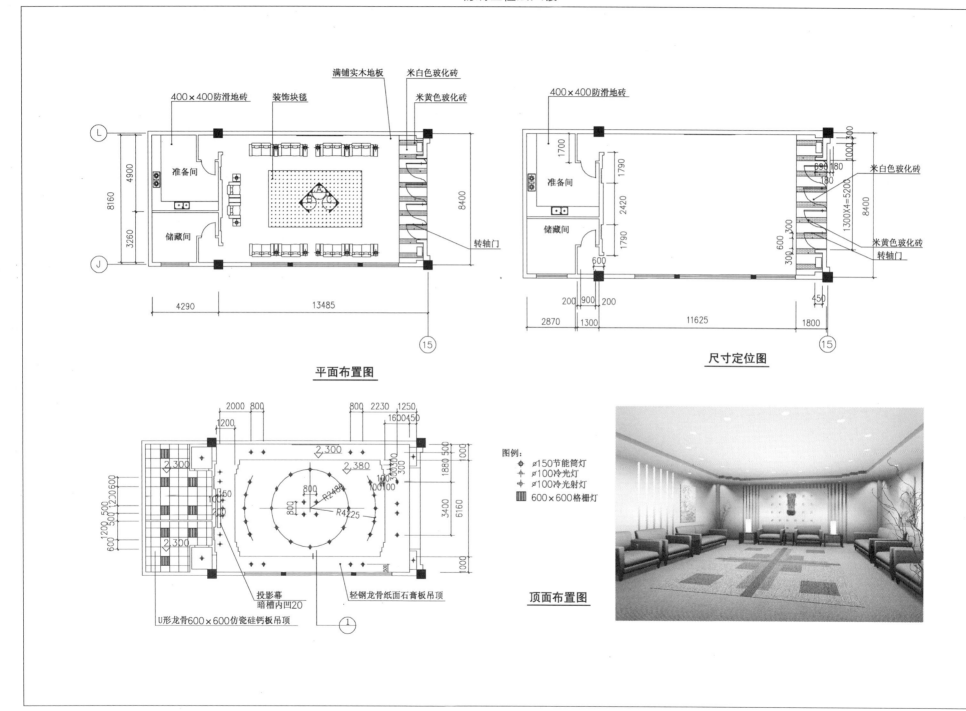

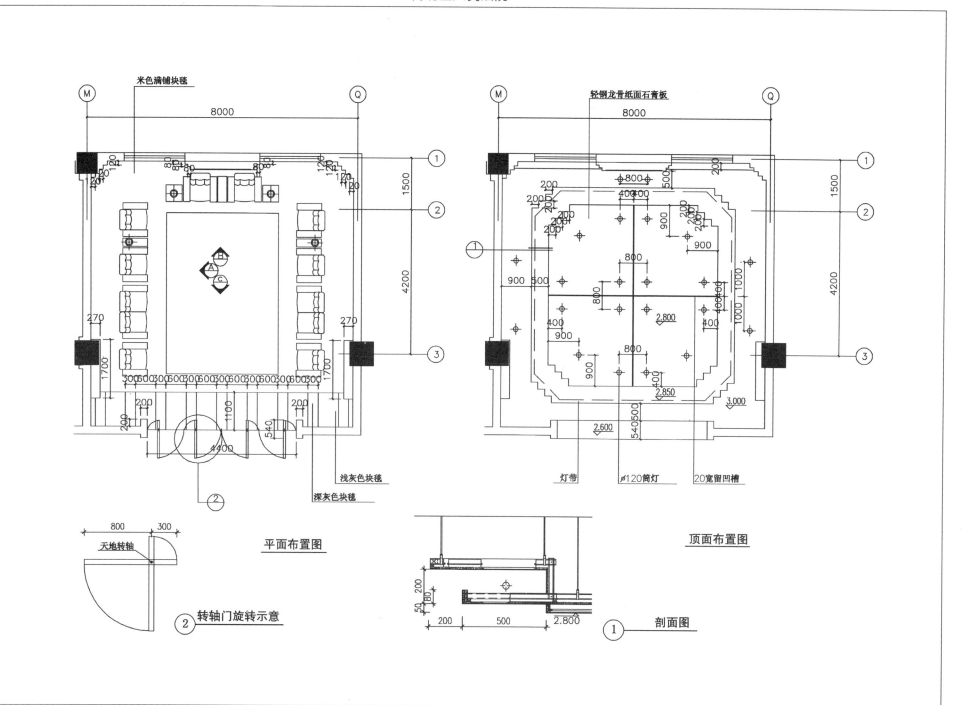

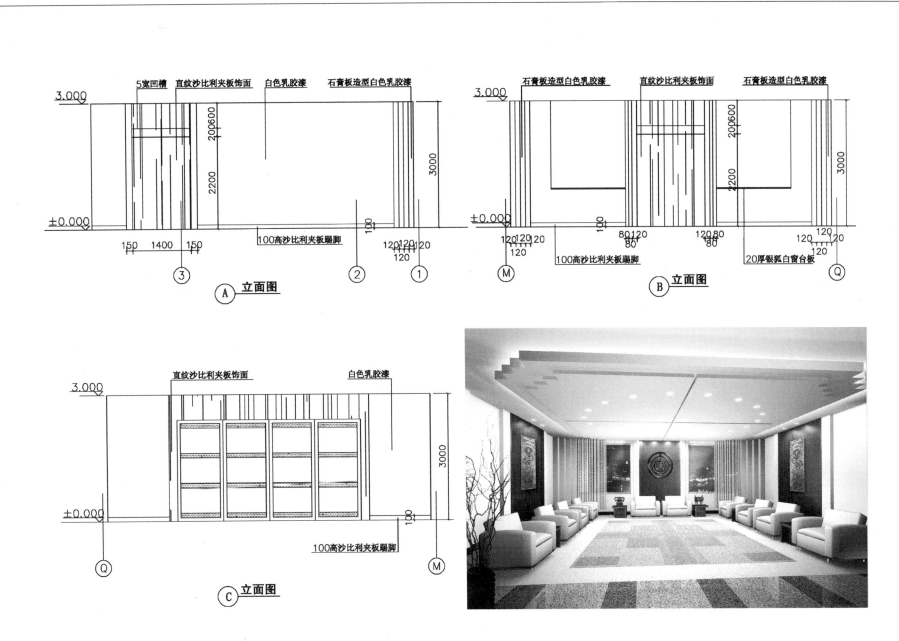

上海市第二中级人民法院立案庭

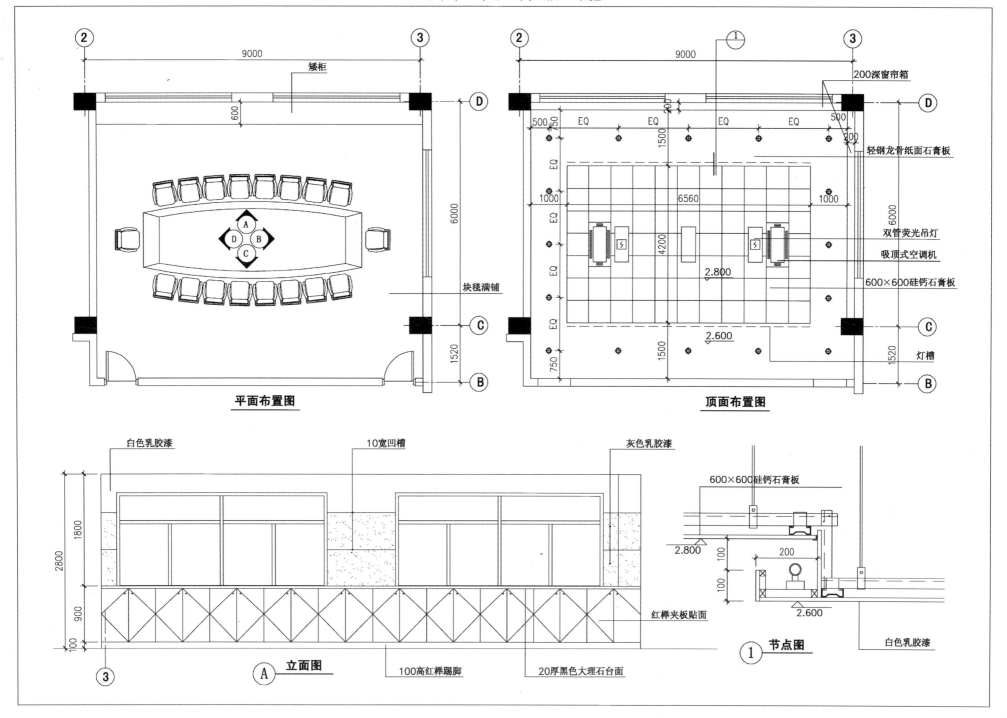

上海市第二中级人民法院立案庭

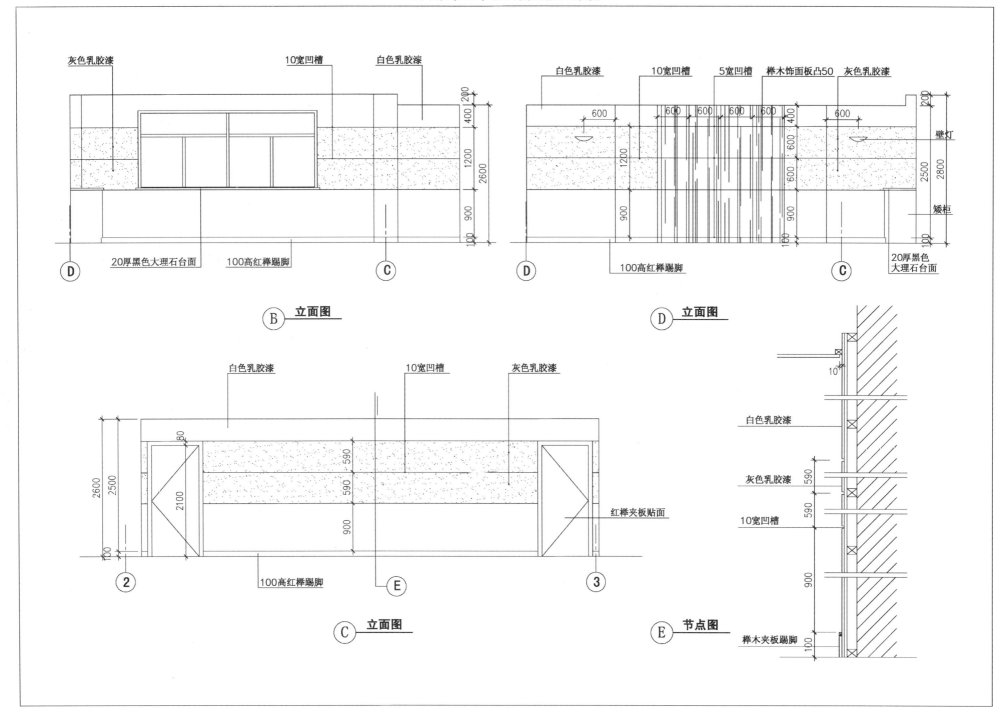

二、会议室、报告厅

本章关注：会议室、报告厅在建筑物中的位置、面积及使用人数，是决定设置门的数量和开启尺寸的依据，面积特别大或者建筑造型为圆形、弧形等容易产生混响的报告厅，可参照剧场、剧院的设计要点。会议室和报告厅未必都需要用高档的建材，涂料加简单的线条，只要颜色、造型、分仓线条和勾缝设计得巧妙，同样可以做出令人赏心悦目的作品。让业主省下投资用于采购好一点的设备，更是物有所值。另外，昏暗的照明布置是该类场所的设计大忌。

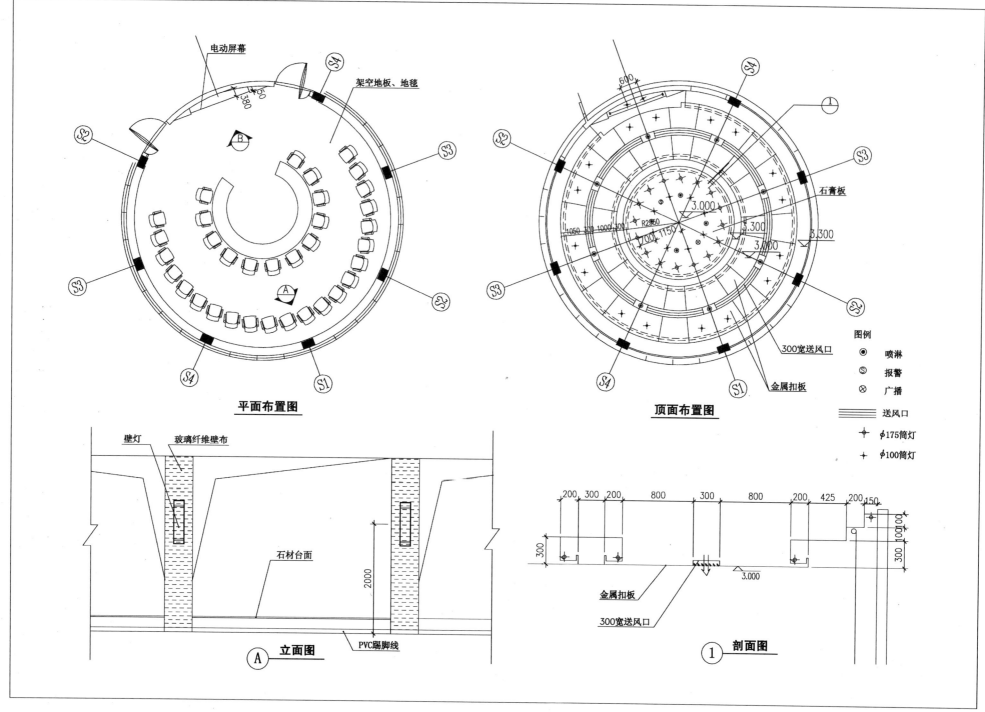

上海某国际战略投资有限公司总部

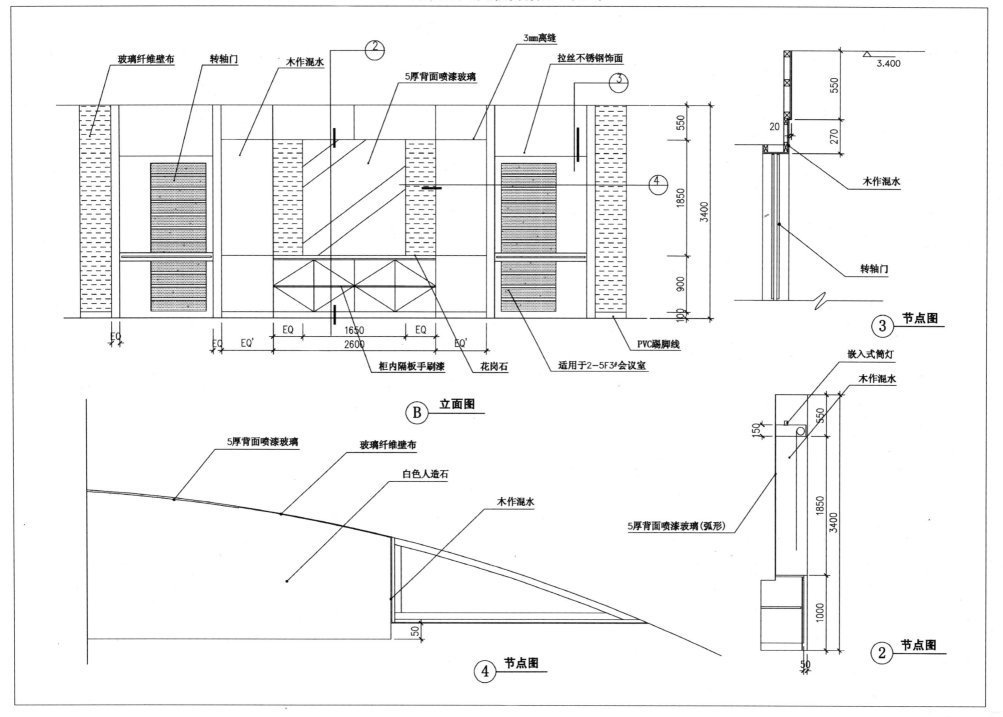

上海沪东工人文化宫

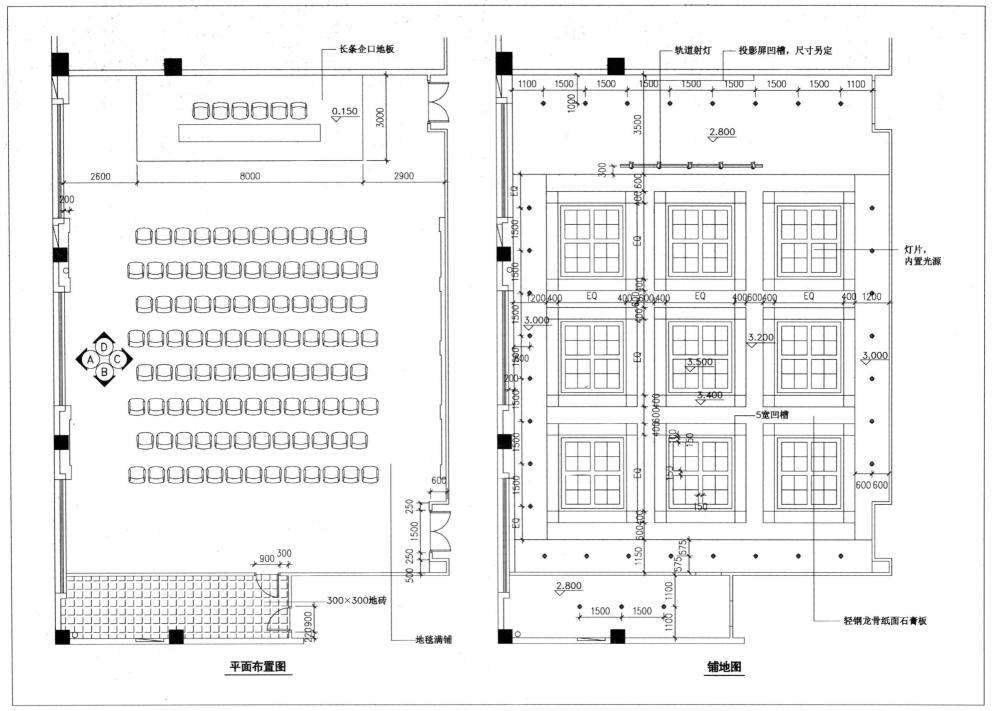

上海沪东工人文化宫

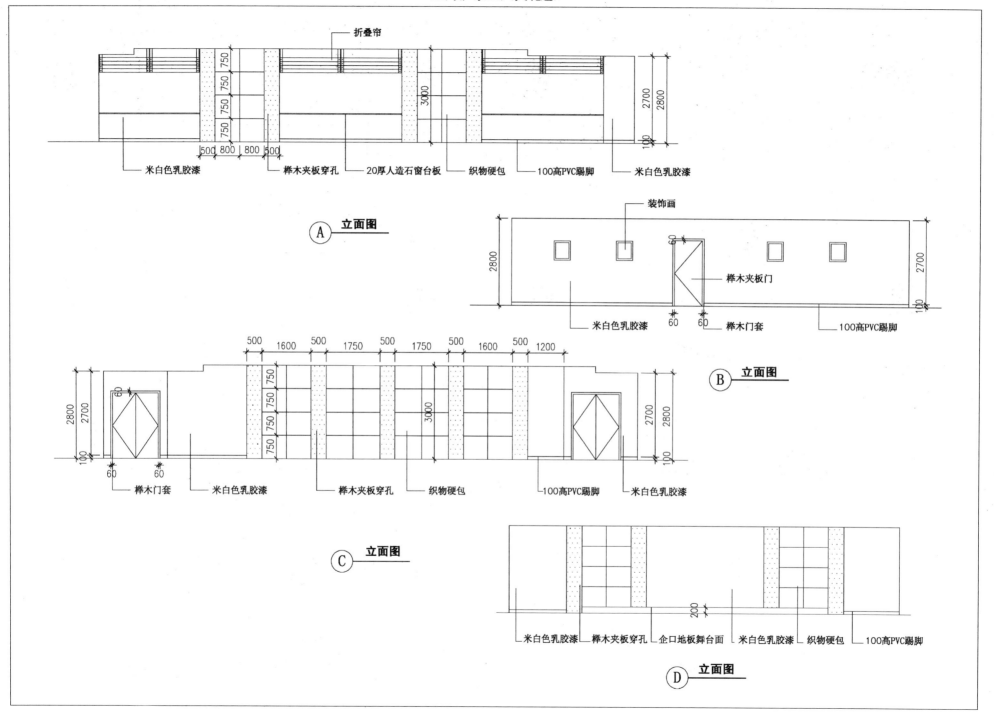

上海沪东工人文化宫

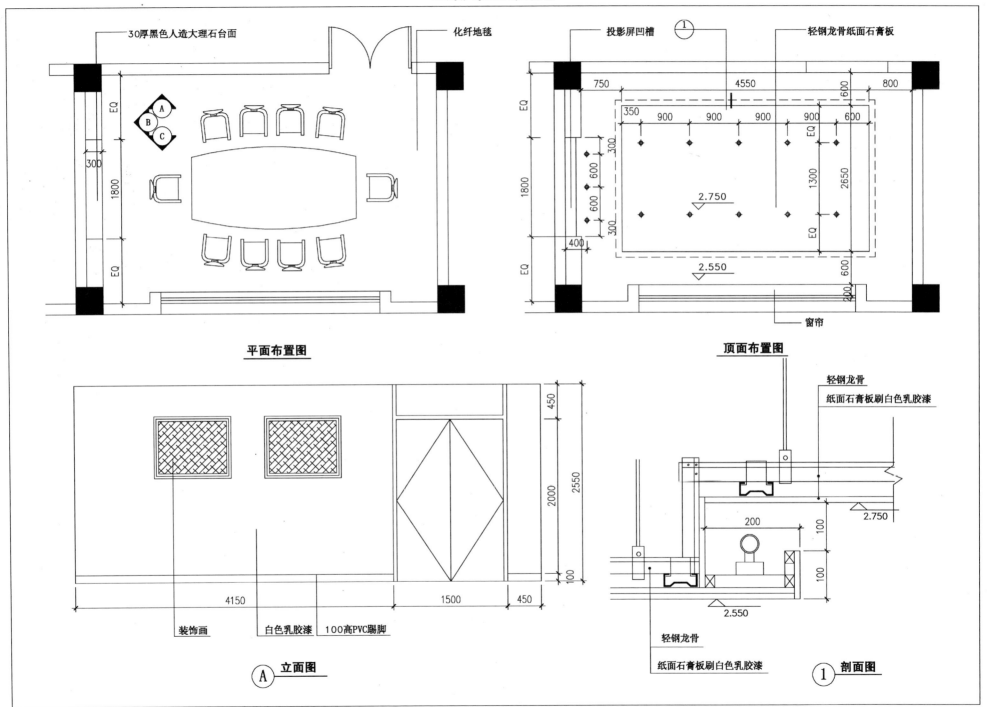

上海沪东工人文化宫

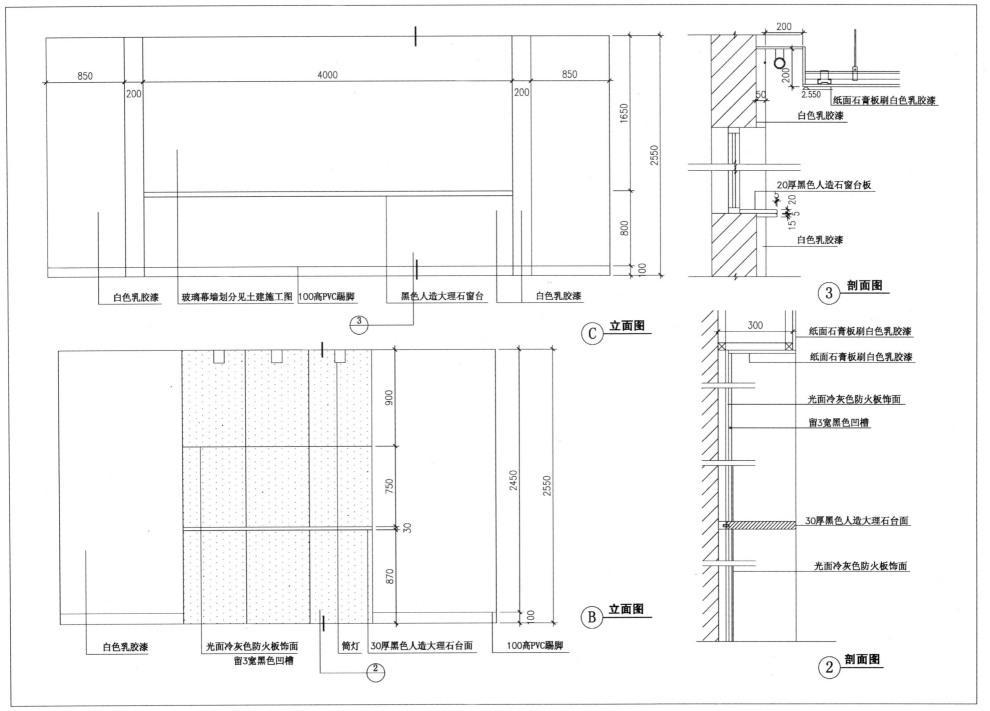

上海沪东工人文化宫

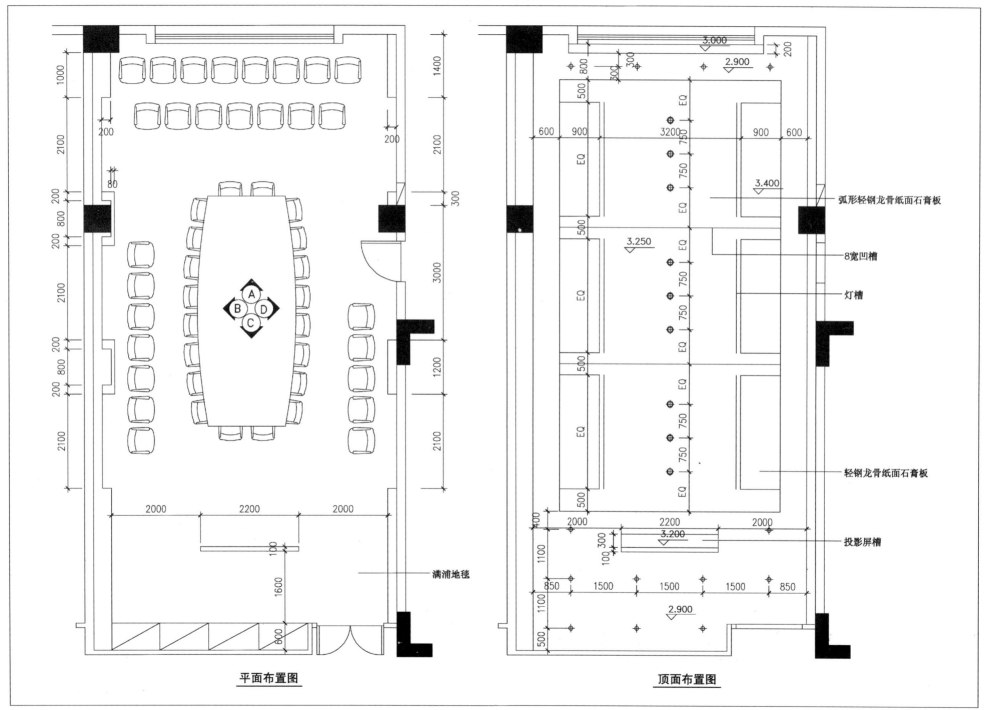

上海沪东工人文化宫

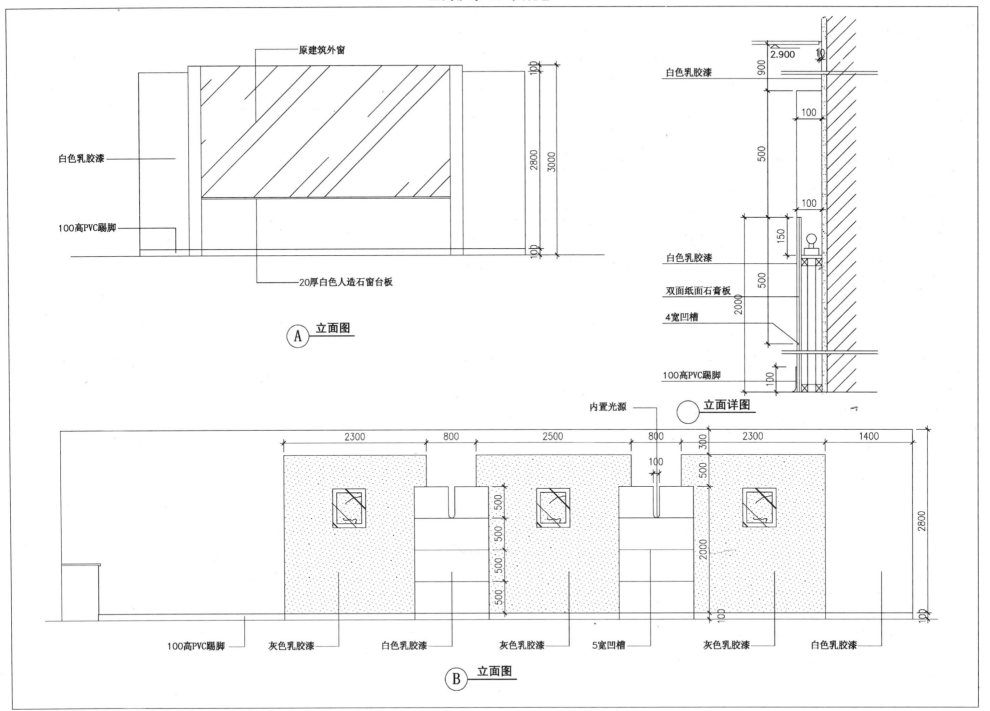

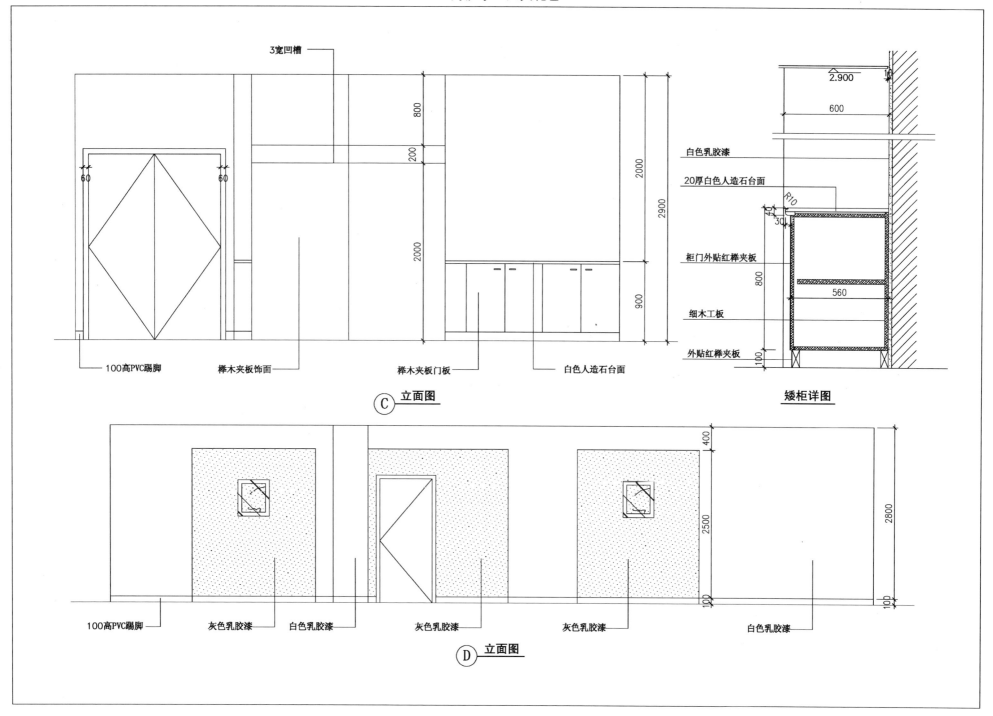

华东电力公司

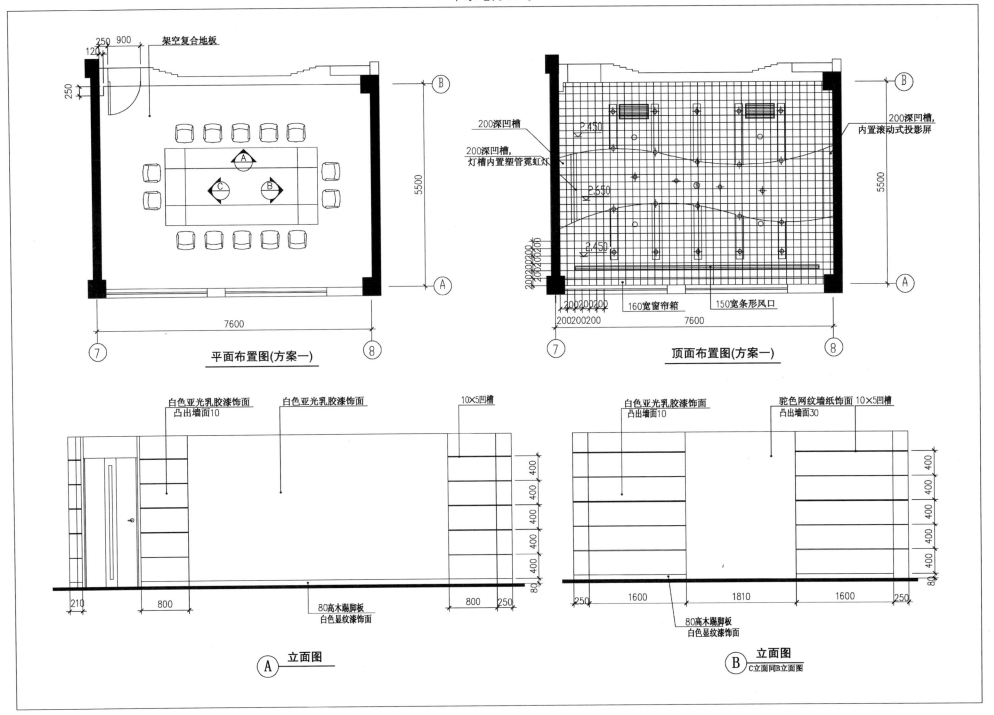

华东电力公司

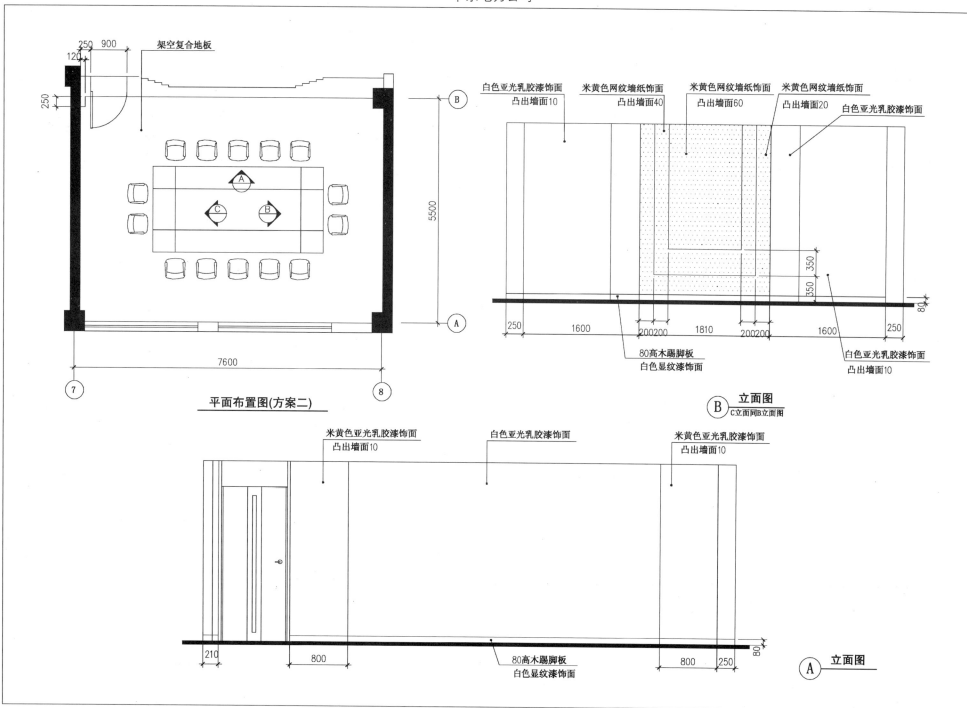

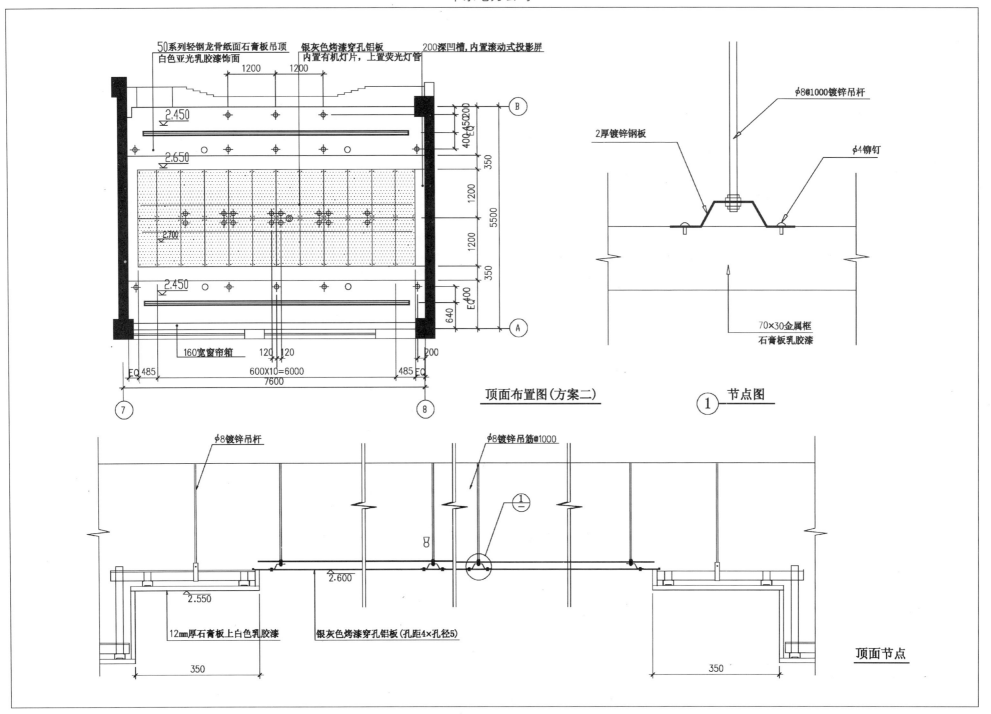

上海教育电视台

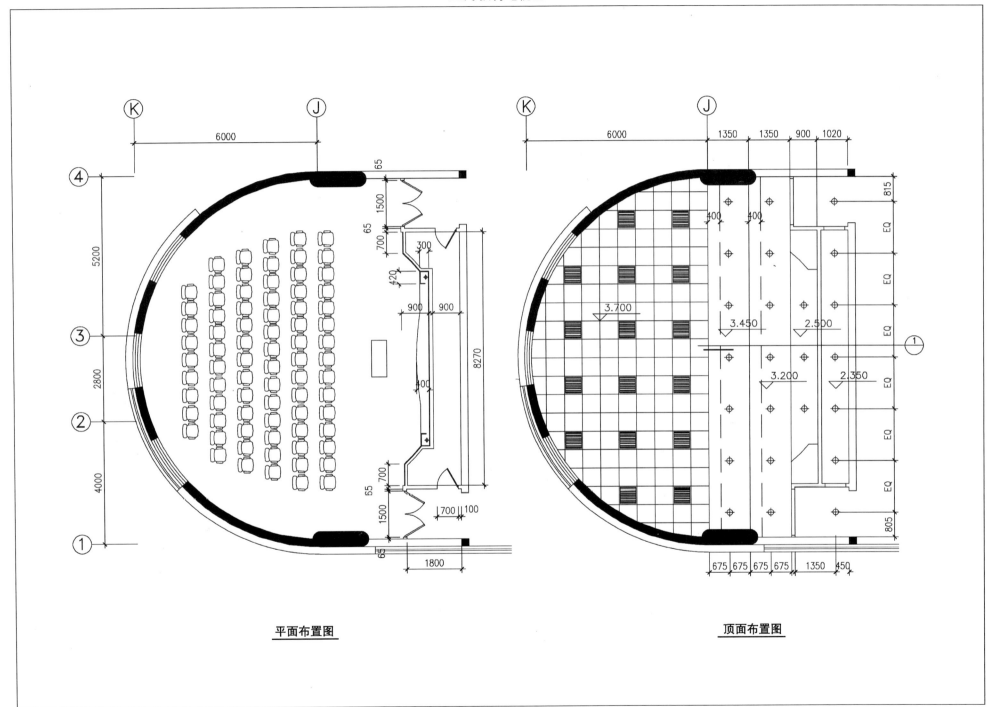

平面布置图

顶面布置图

上海教育电视台

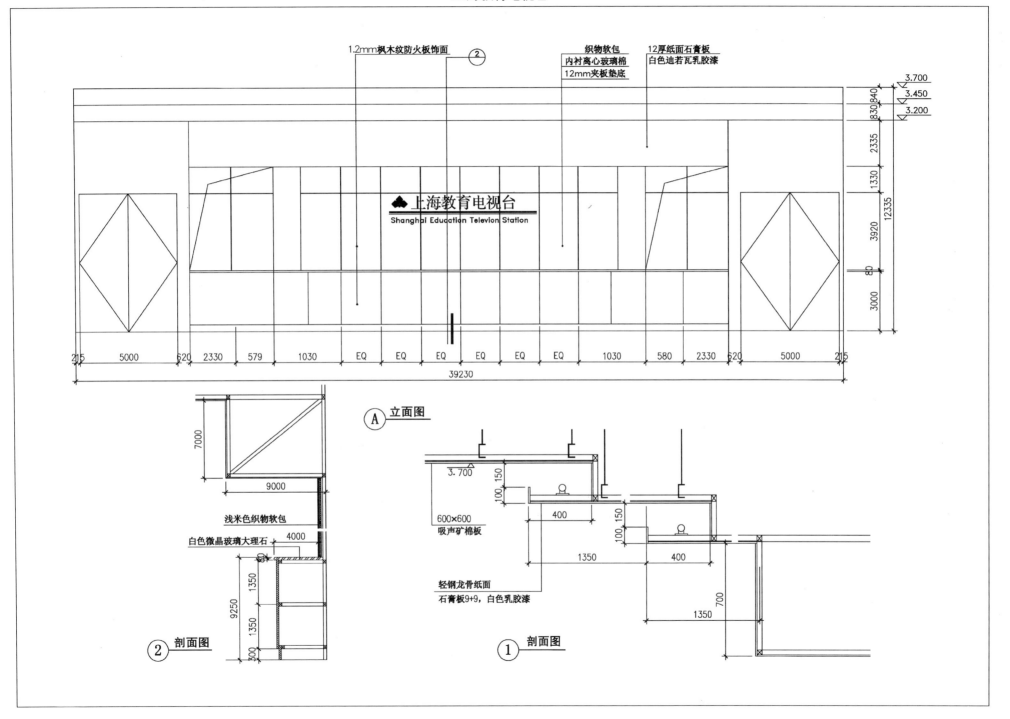

中国工商银行上海金山支行营业厅

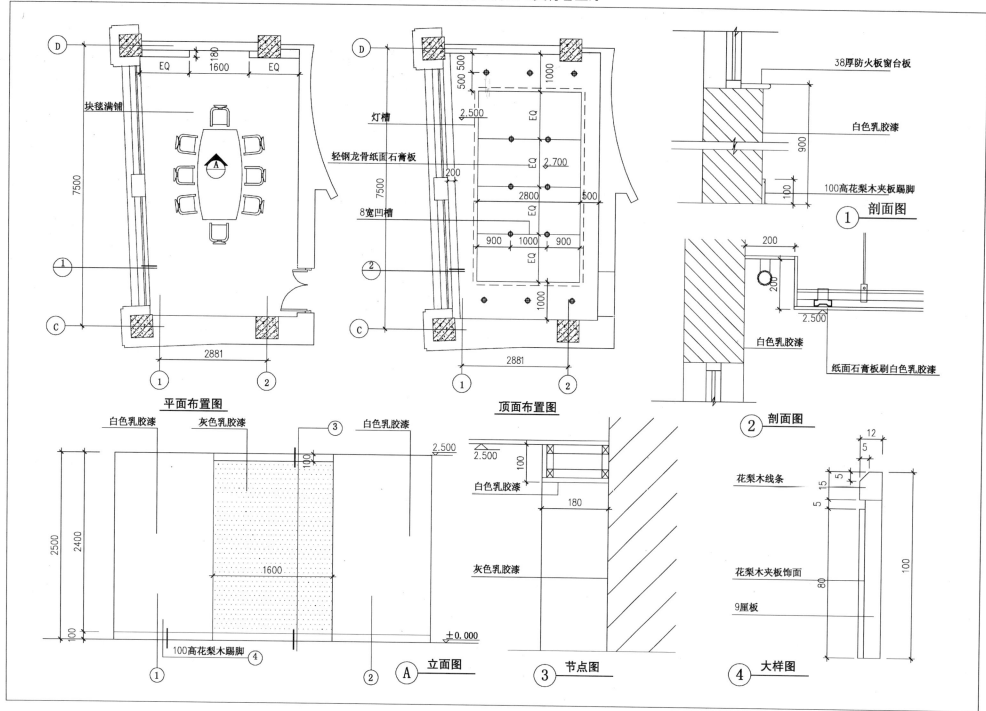

中国工商银行上海金山支行

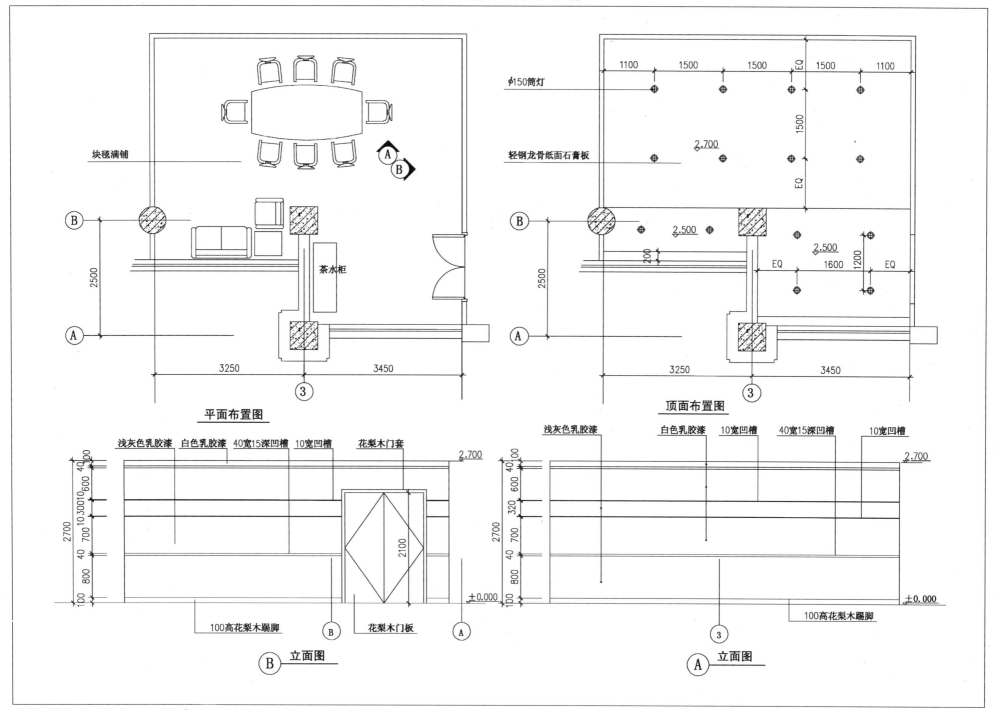

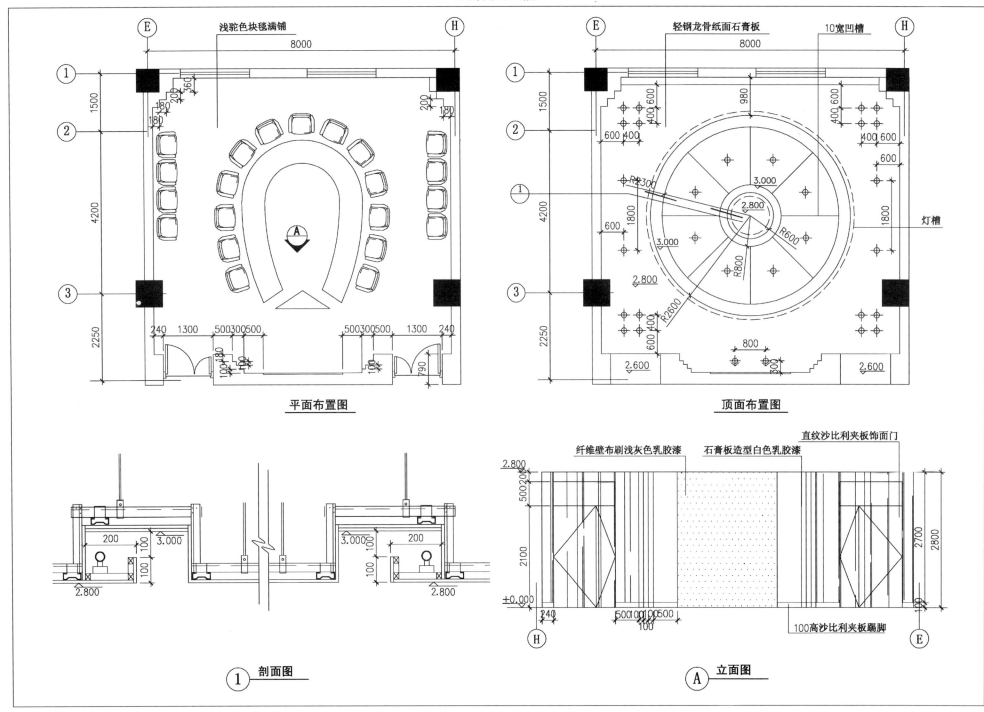

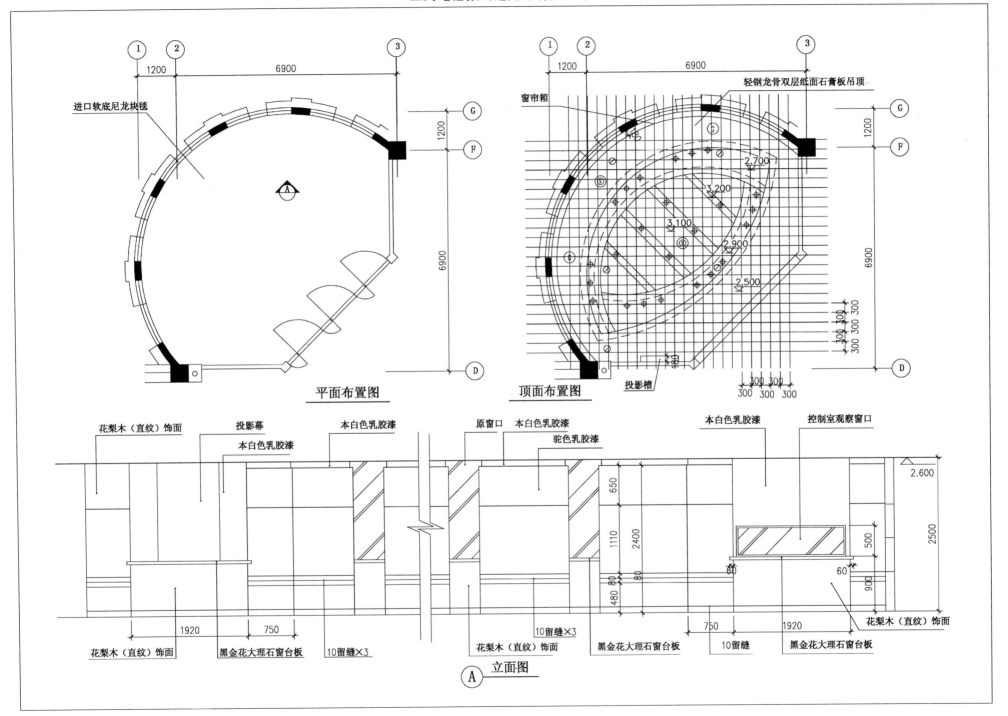

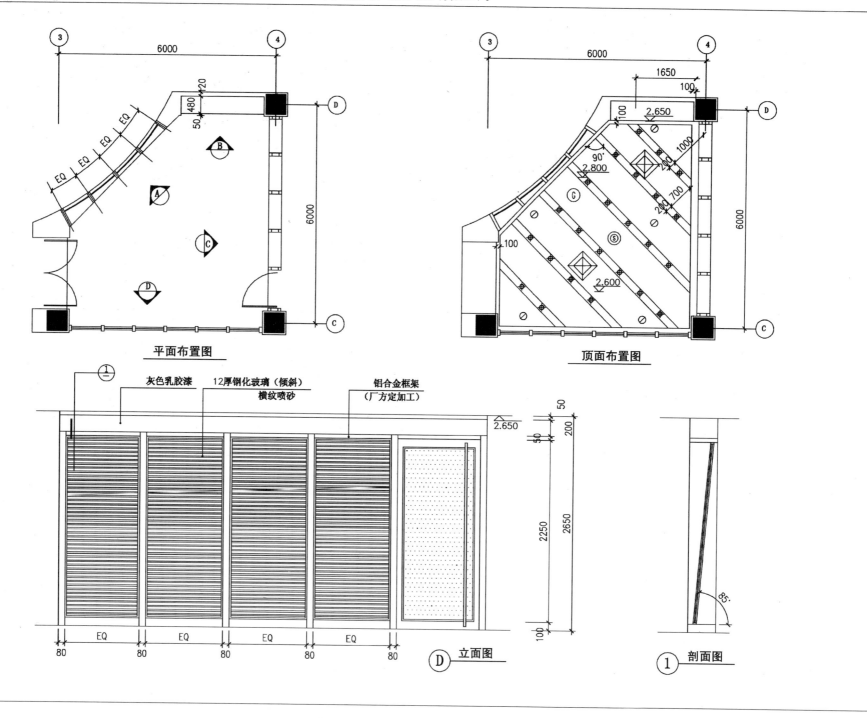

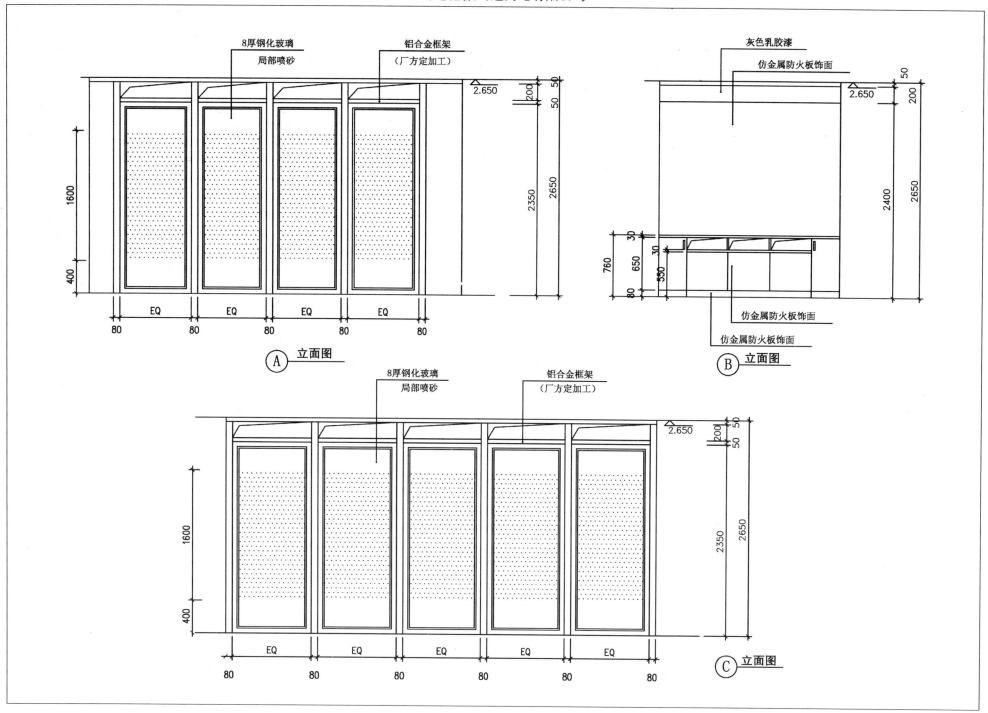

移动通信有限责任公司扬州分公司

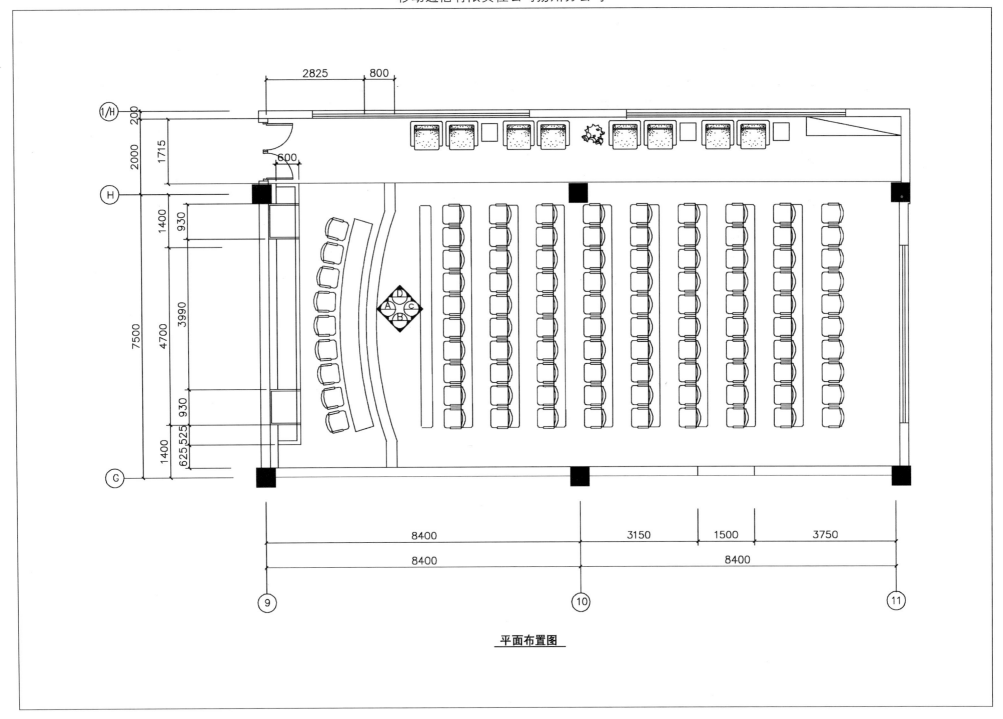

平面布置图

移动通信有限责任公司扬州分公司

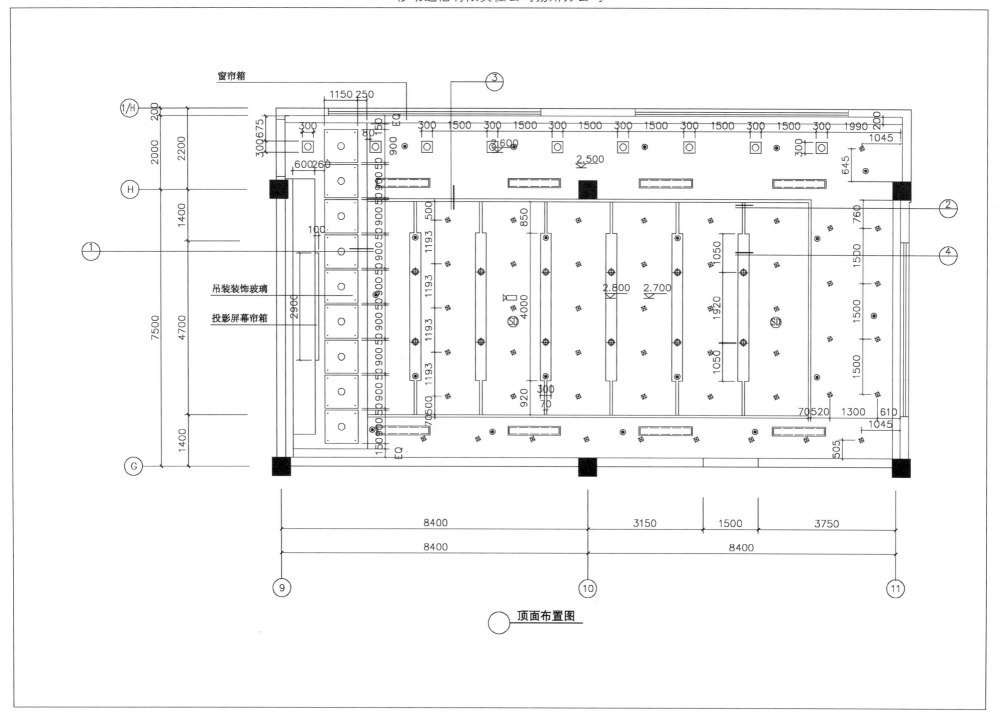

顶面布置图

移动通信有限责任公司扬州分公司

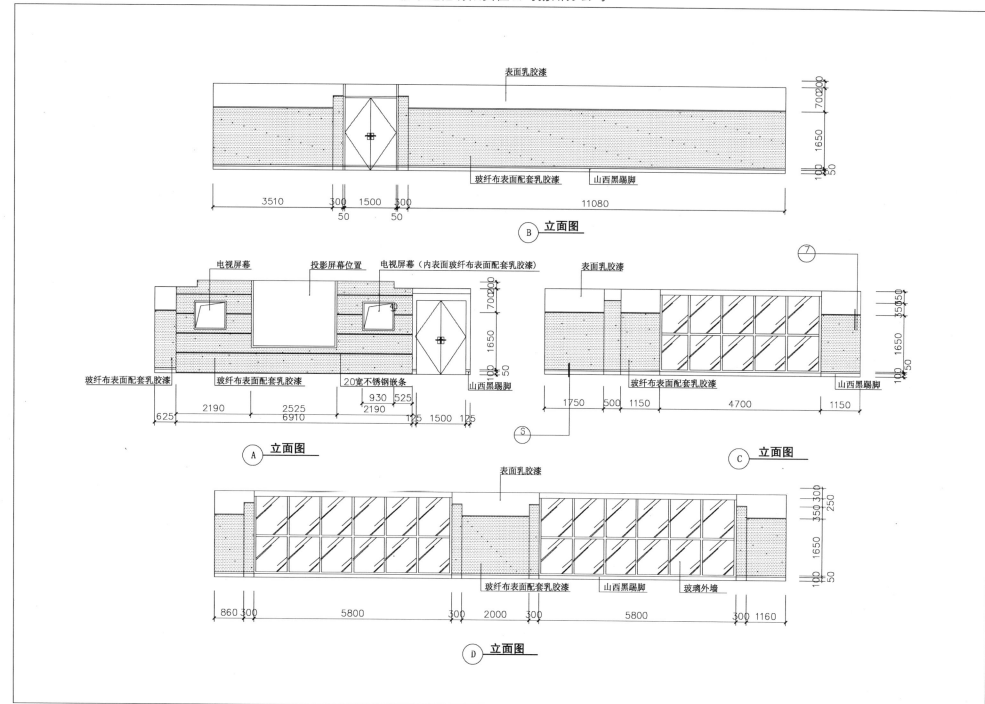

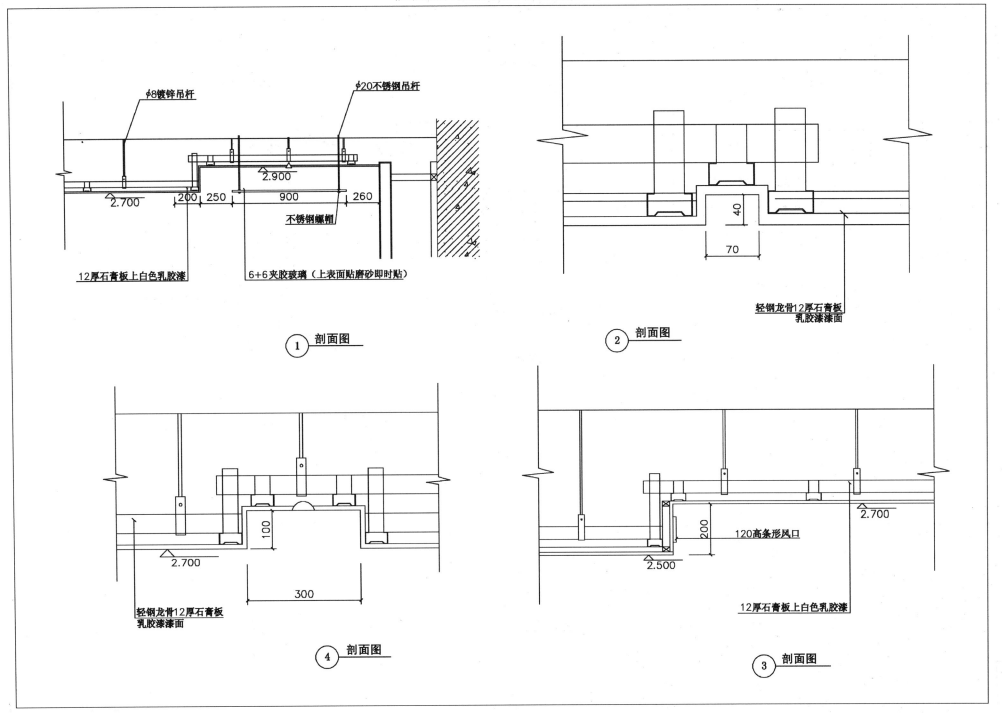

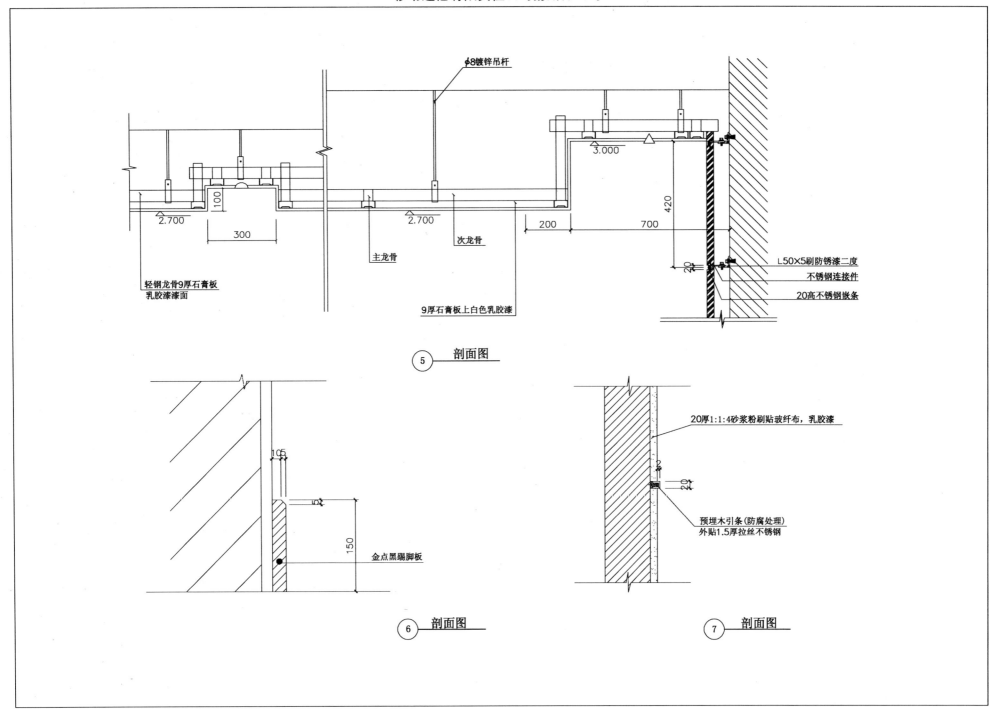

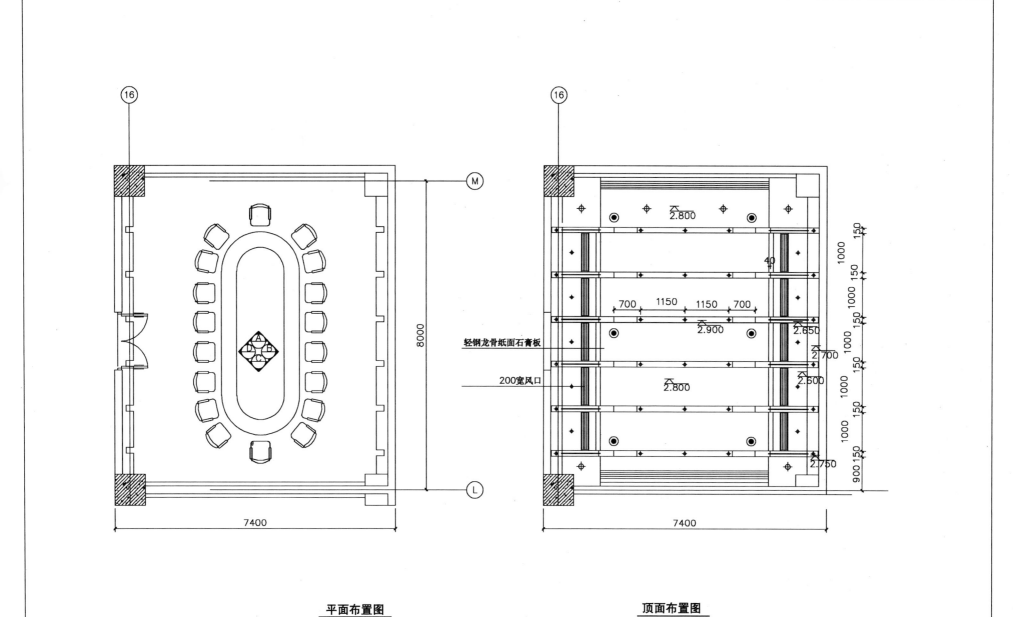

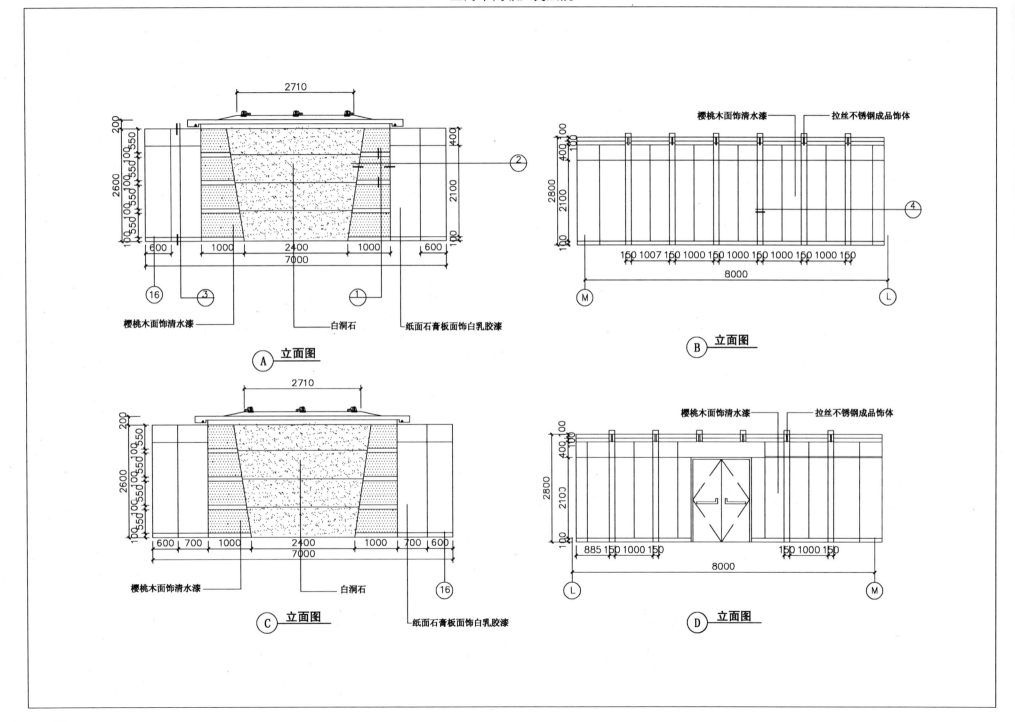

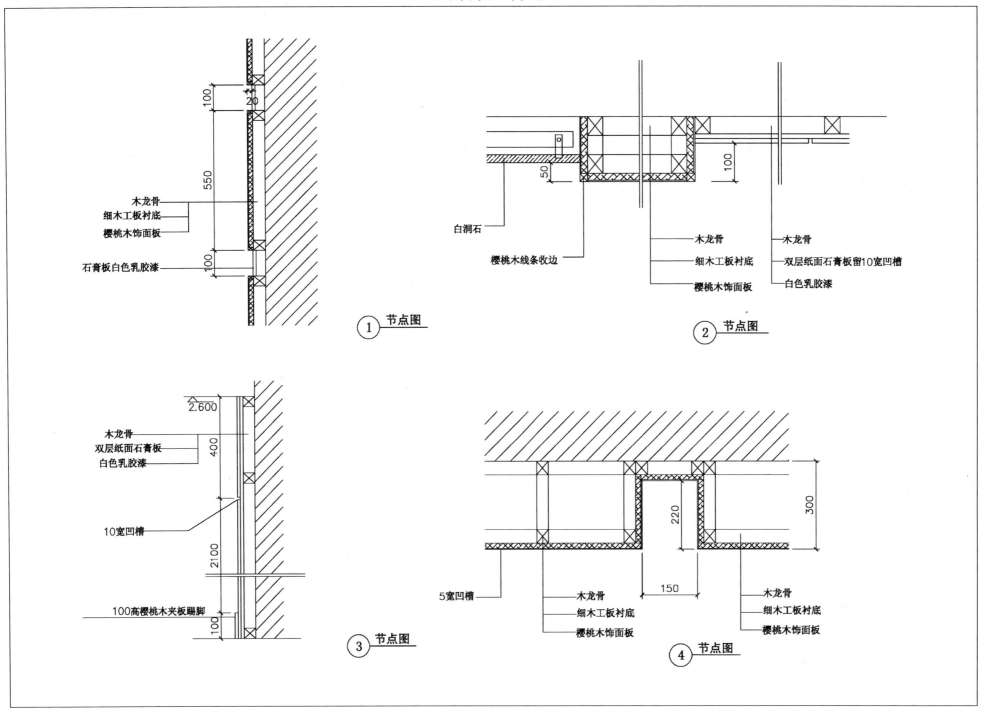

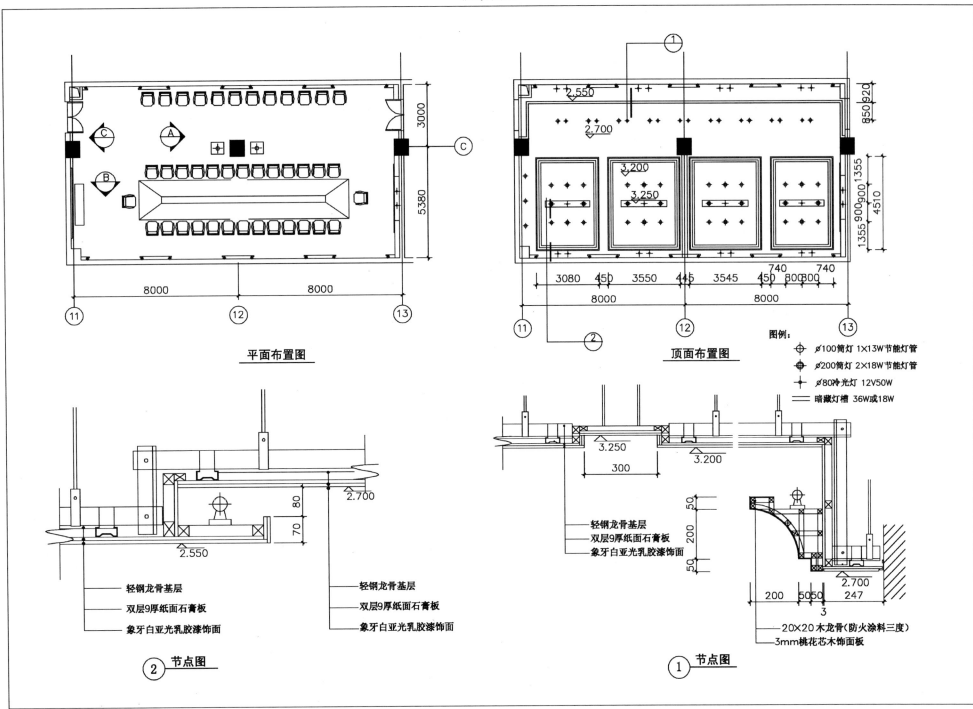

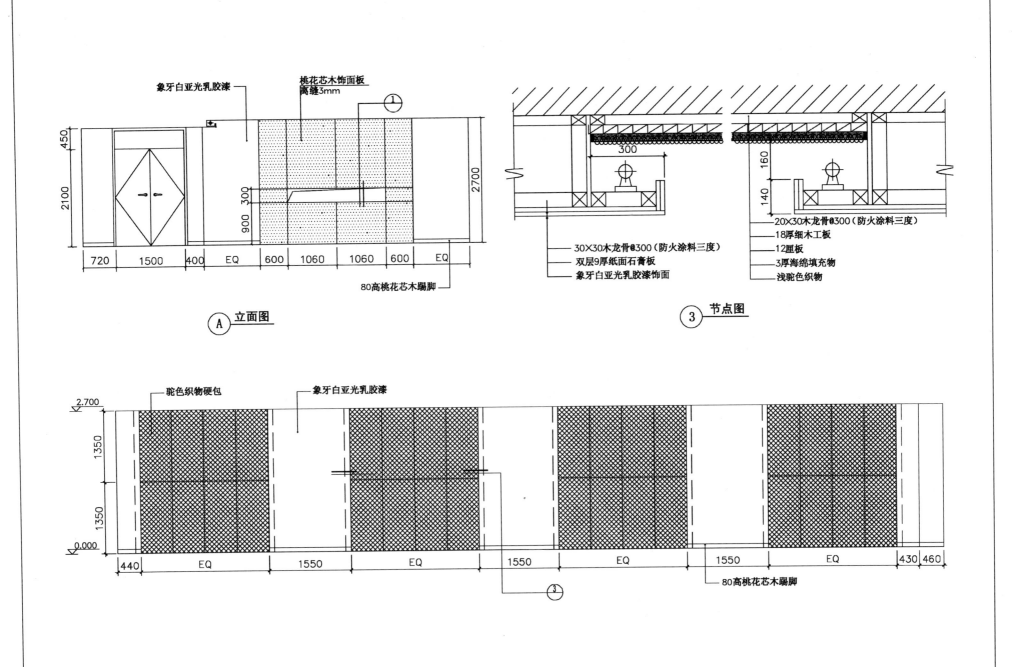

庆余宾馆

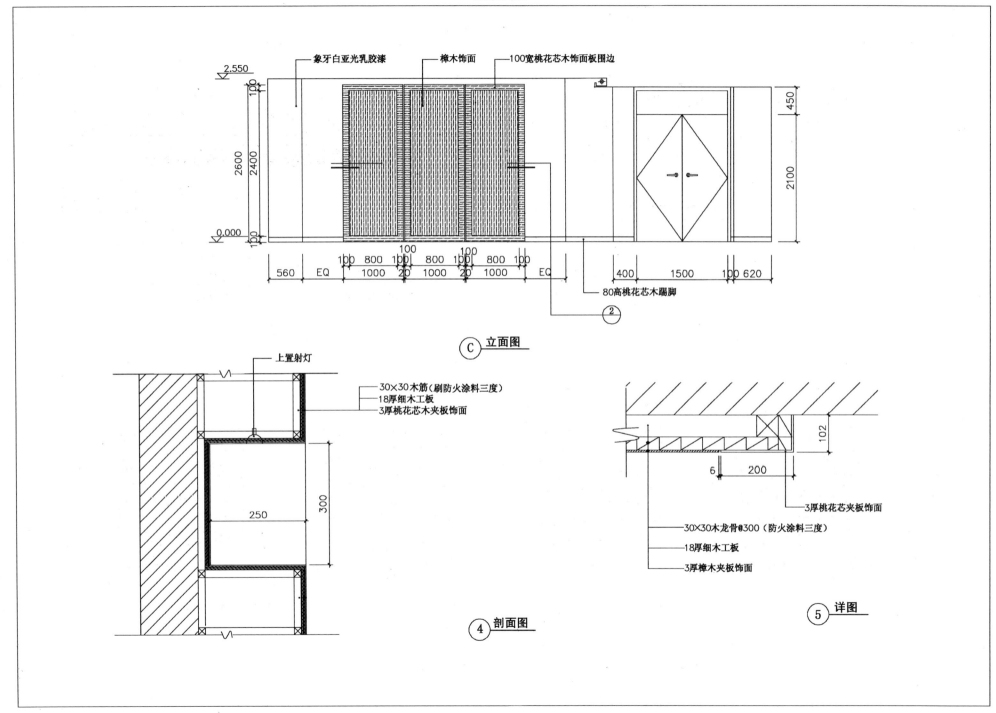

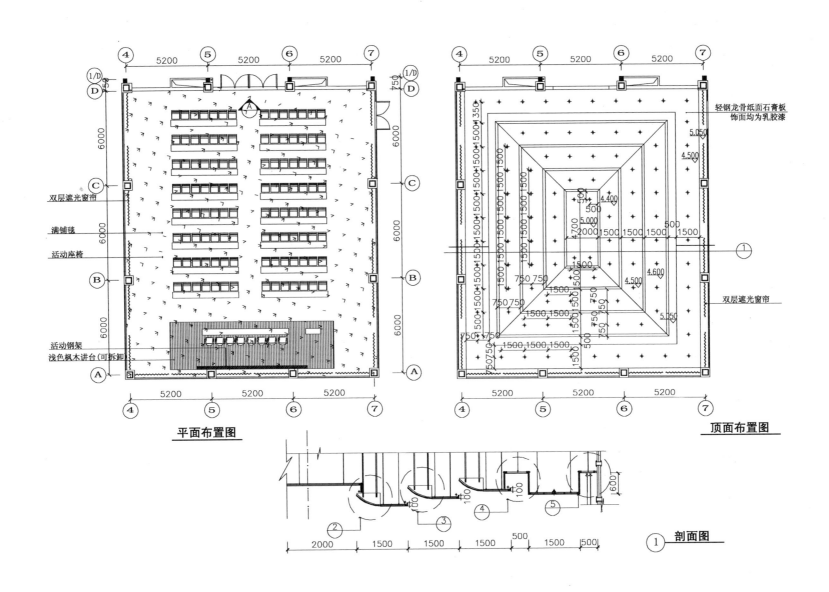

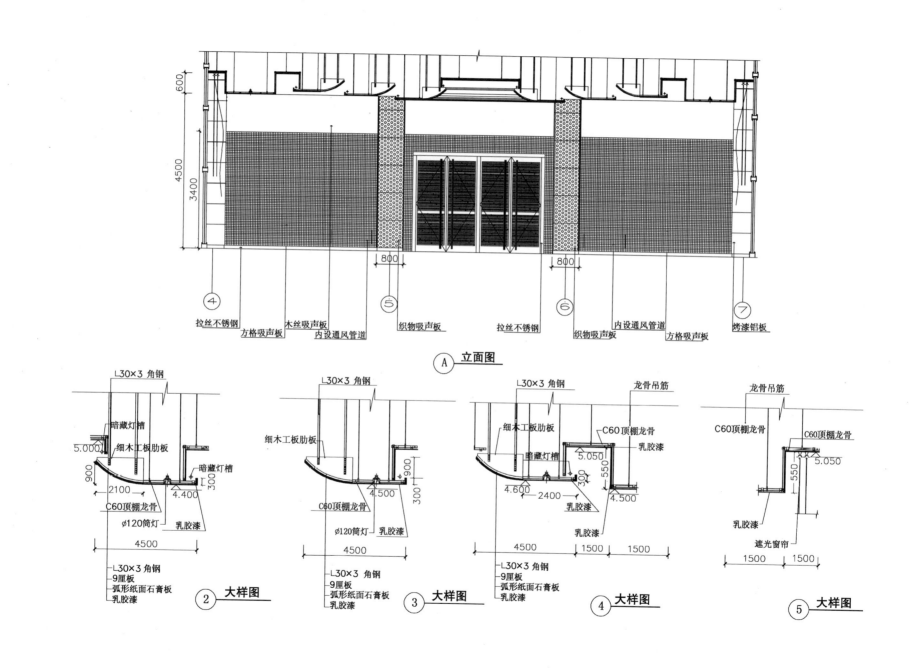

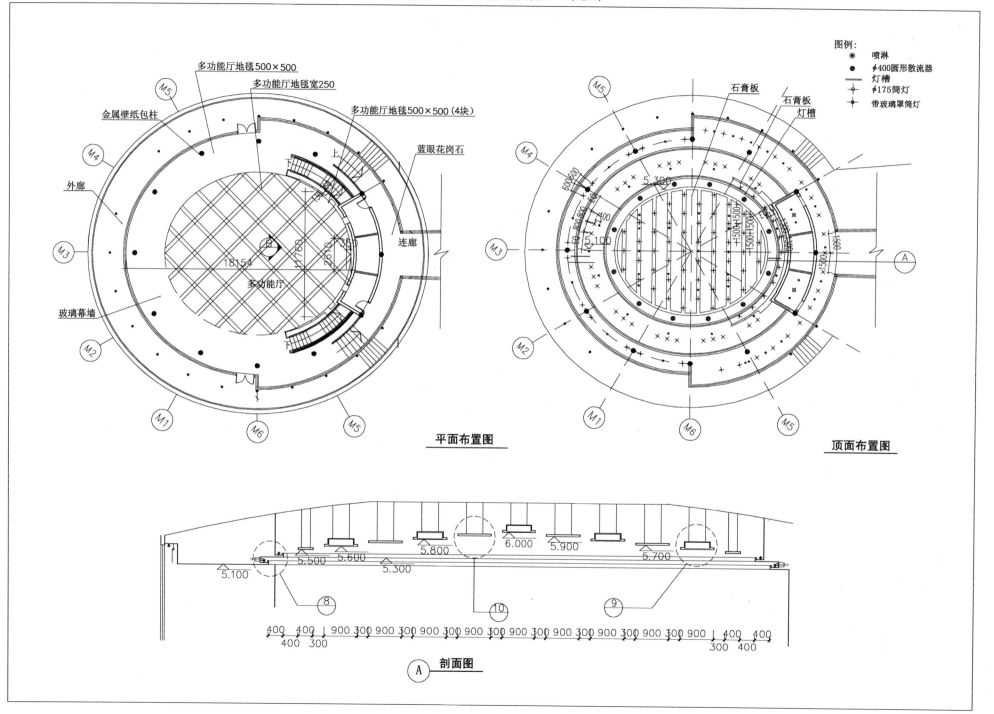

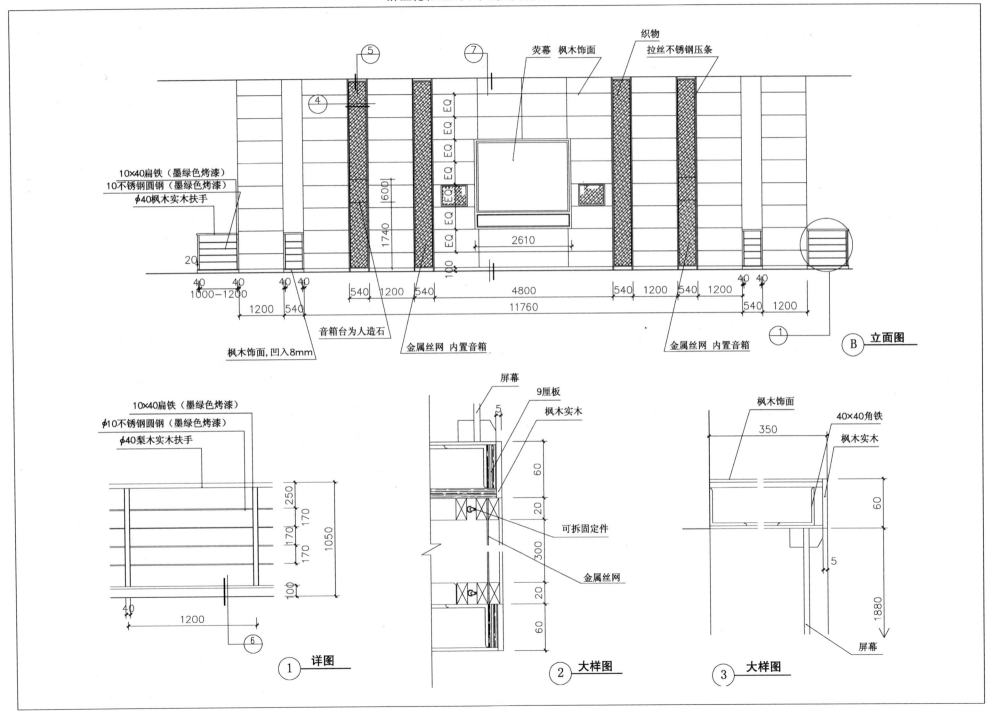

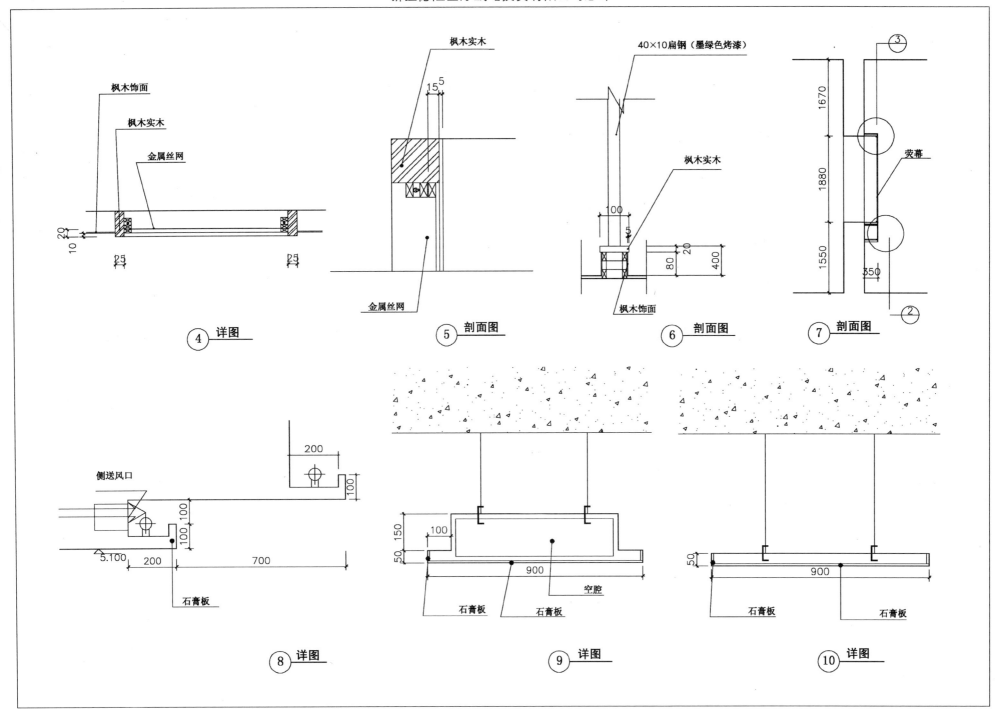

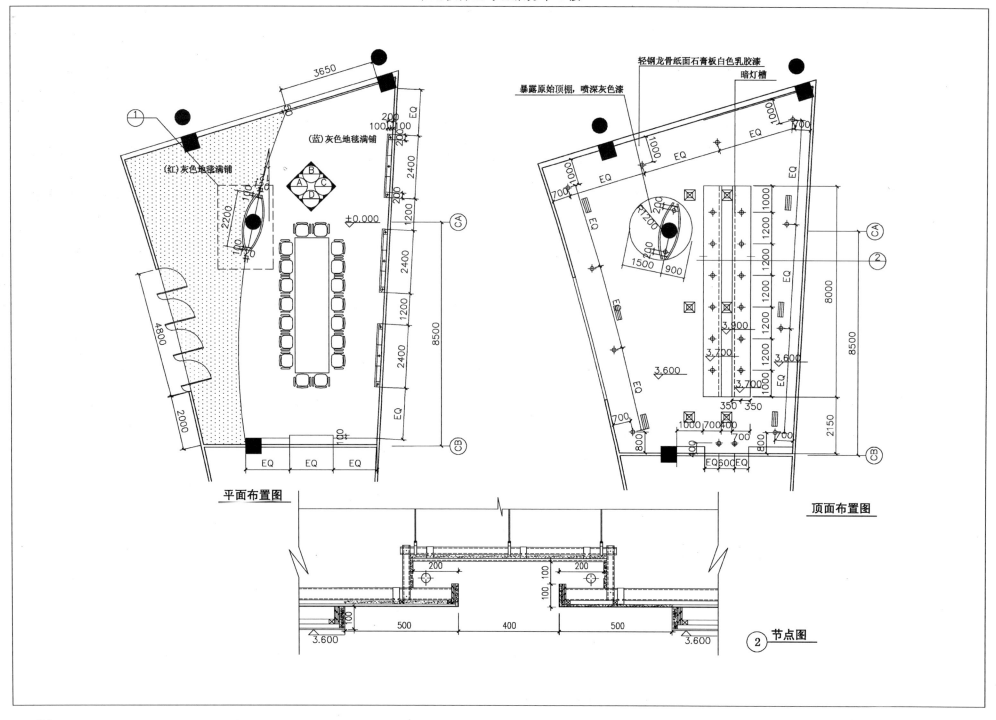

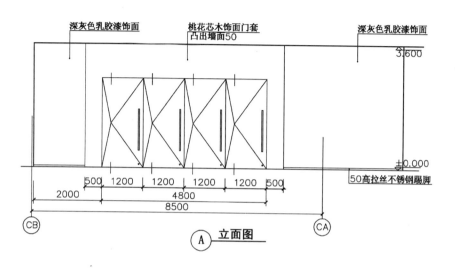

A 立面图

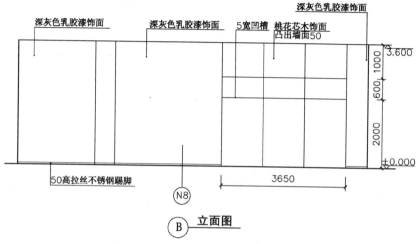

B 立面图

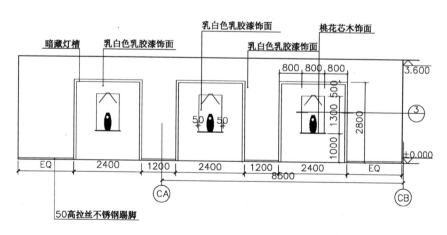

C 立面图

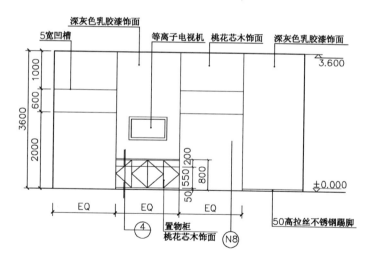

D 立面图

常州软件园综合服务中心楼

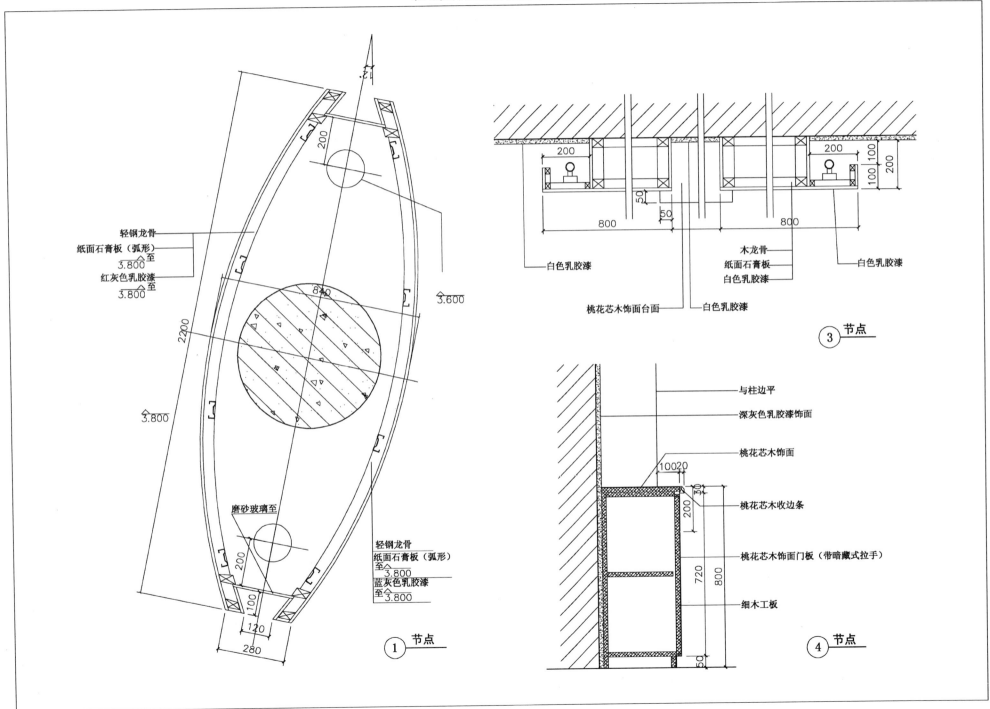

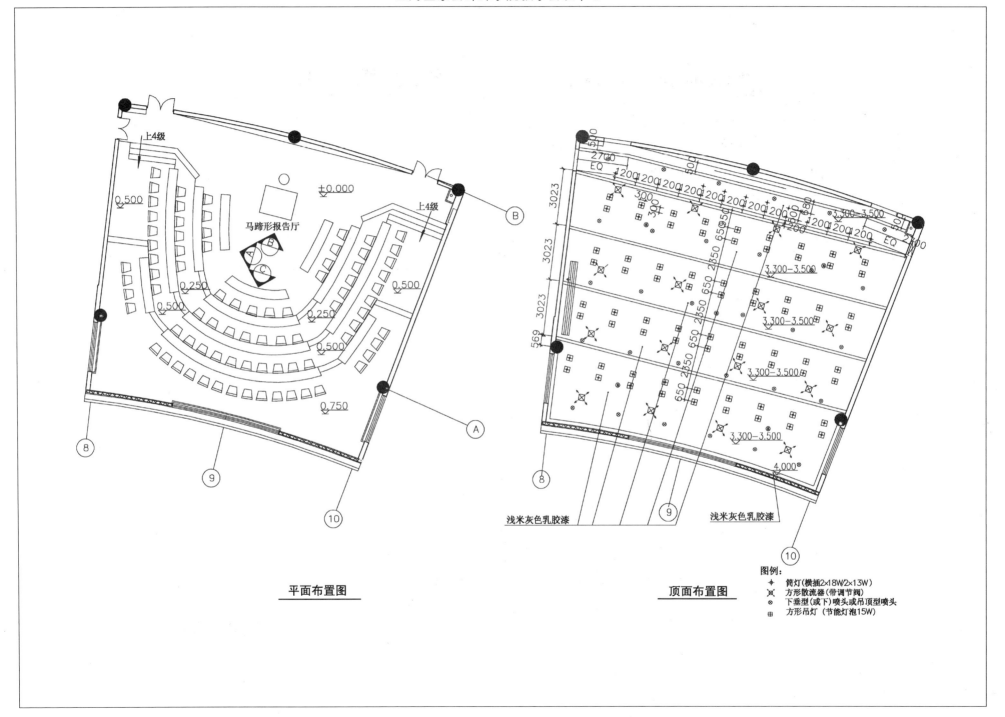

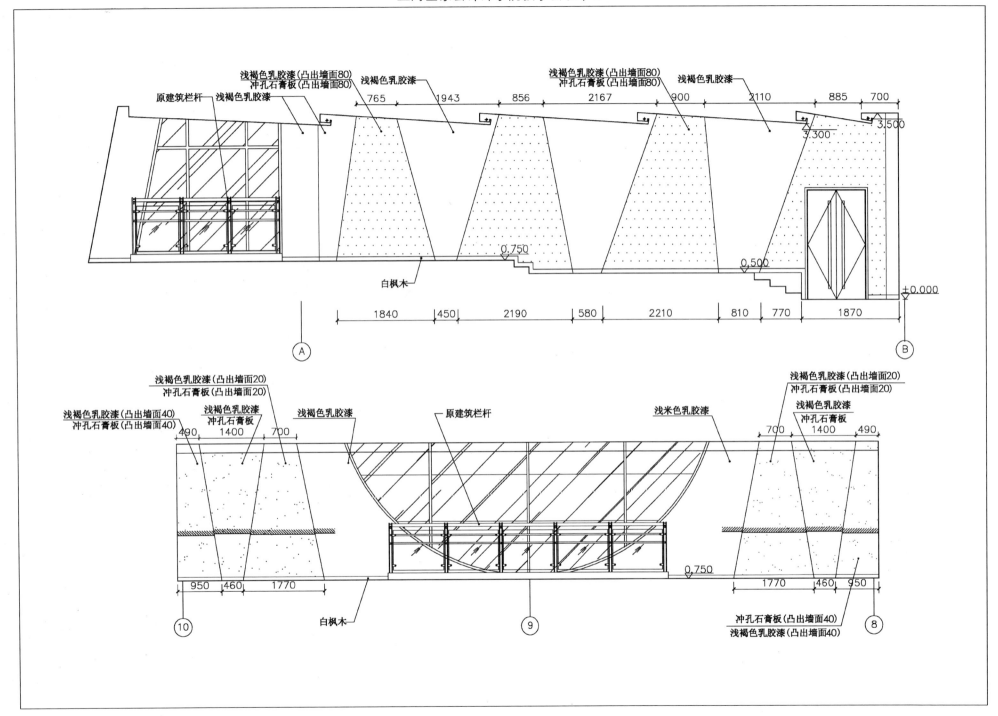

上海国家会计师学院教学会议中心

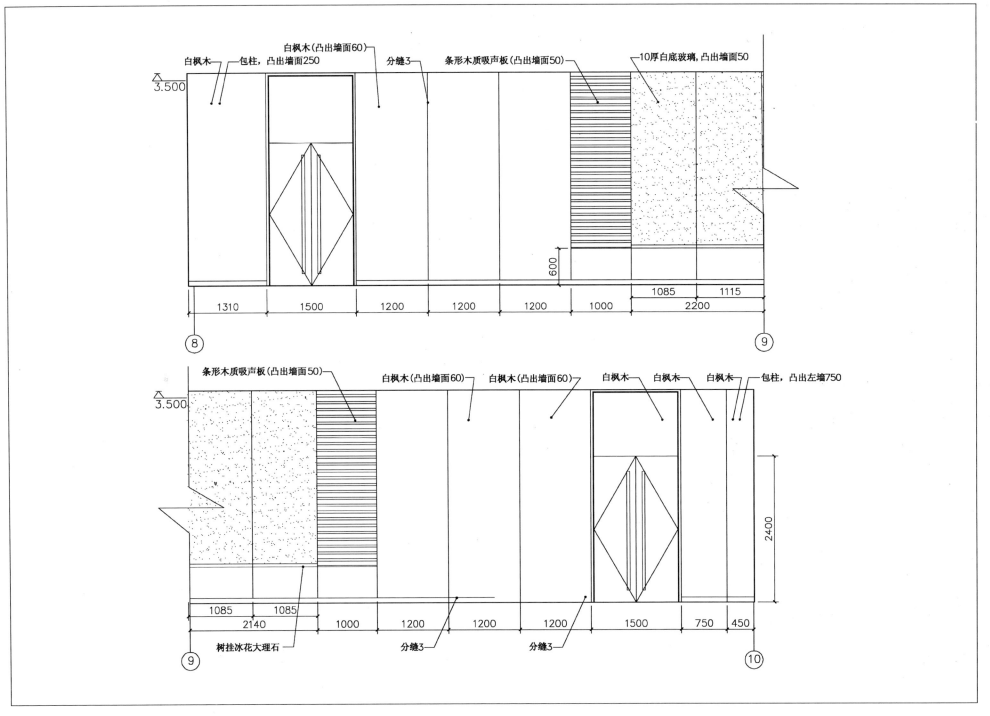

上海国家会计师学院教学会议中心

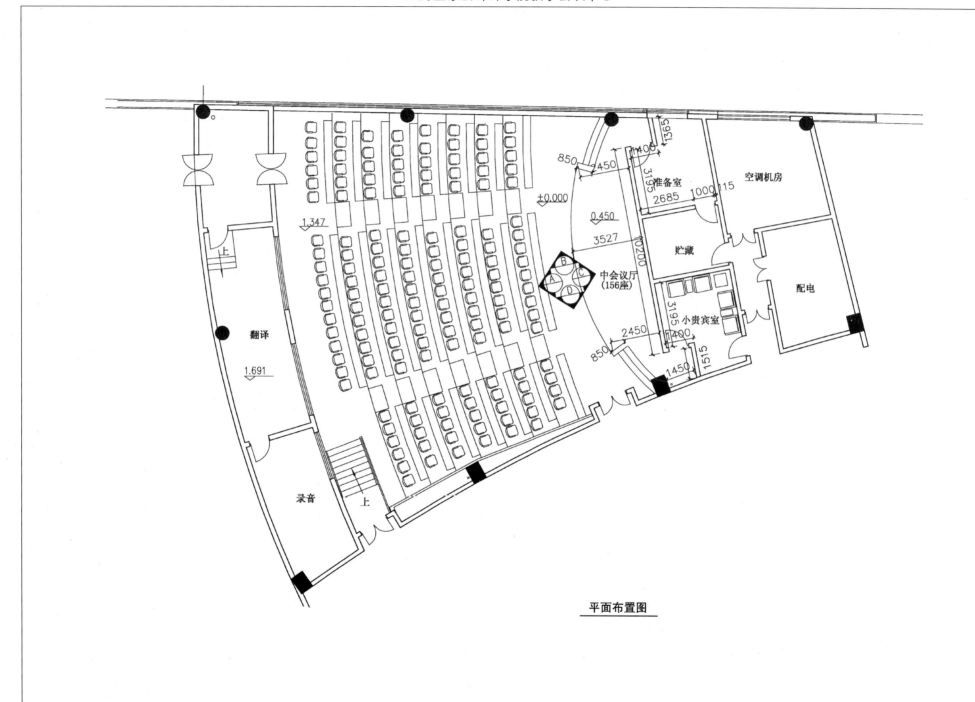

平面布置图

上海国家会计师学院教学会议中心

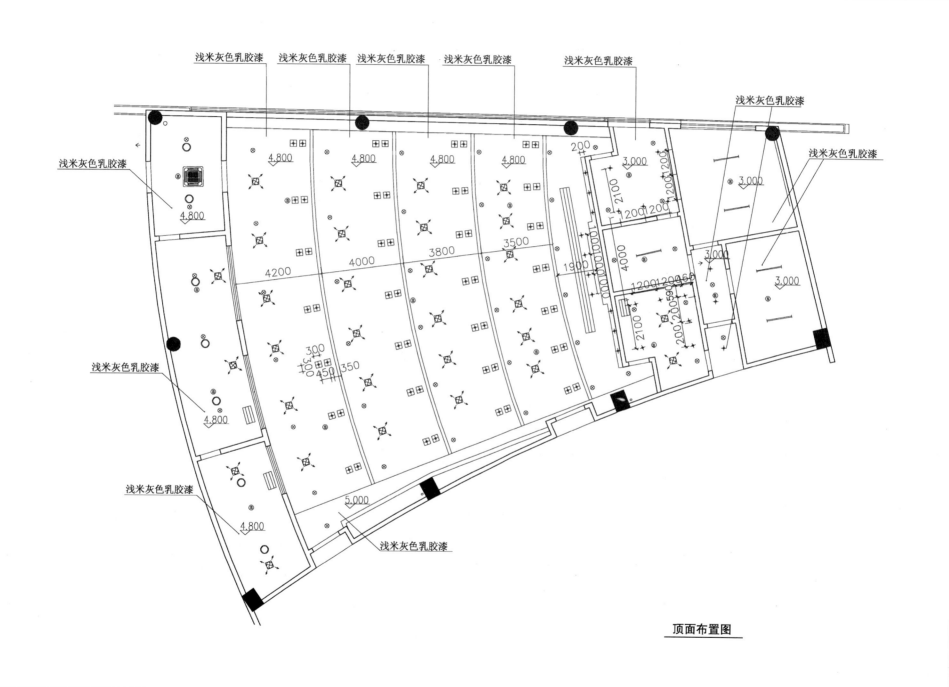

顶面布置图

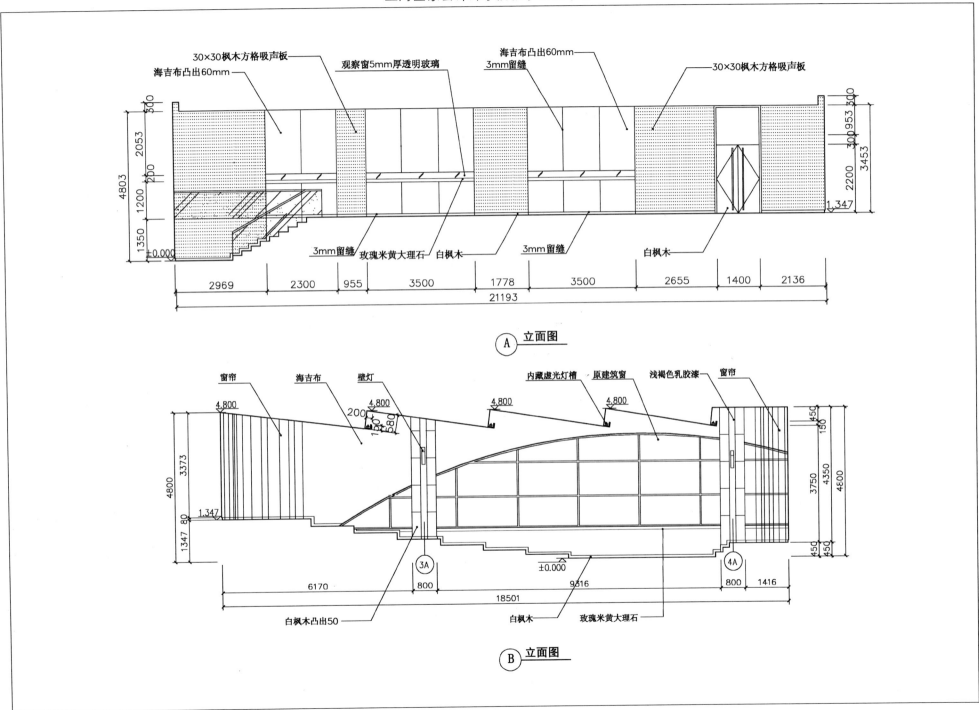

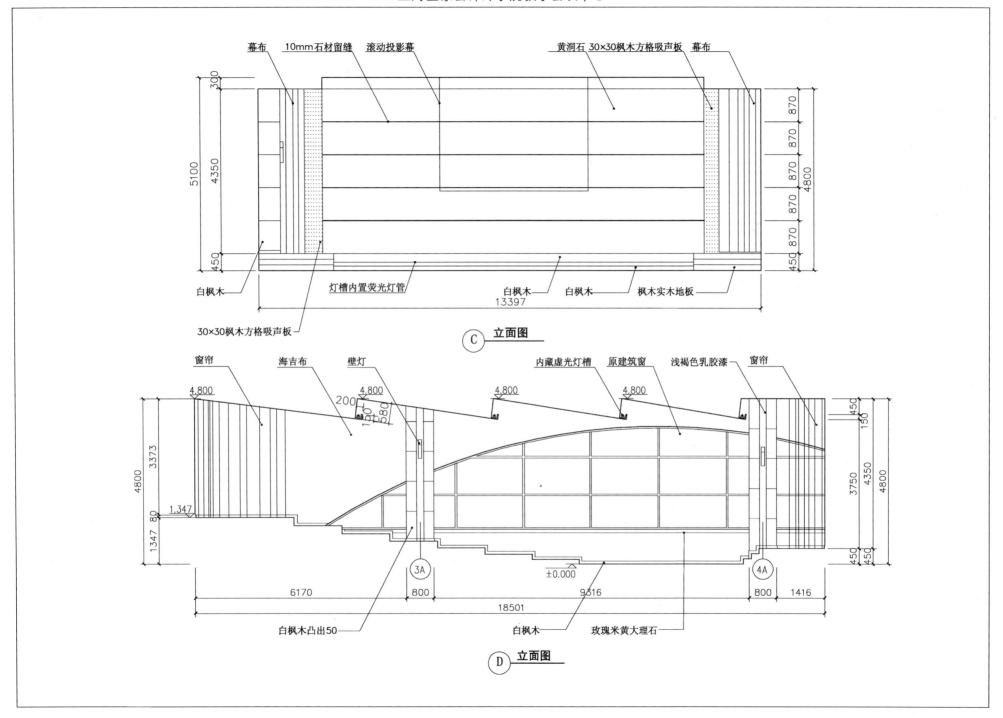

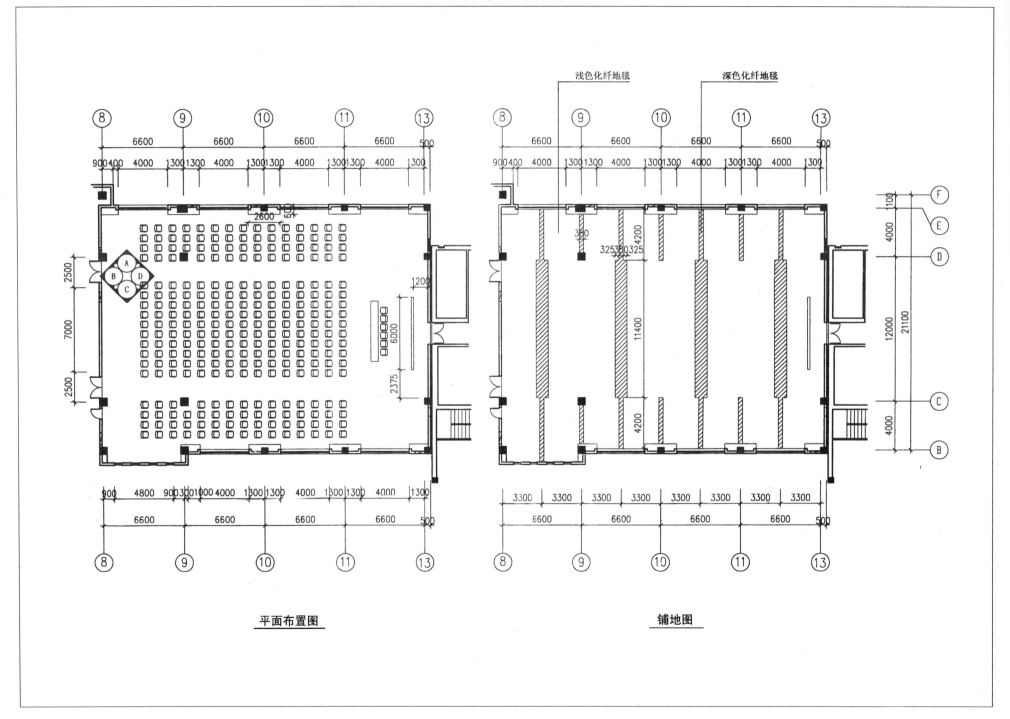

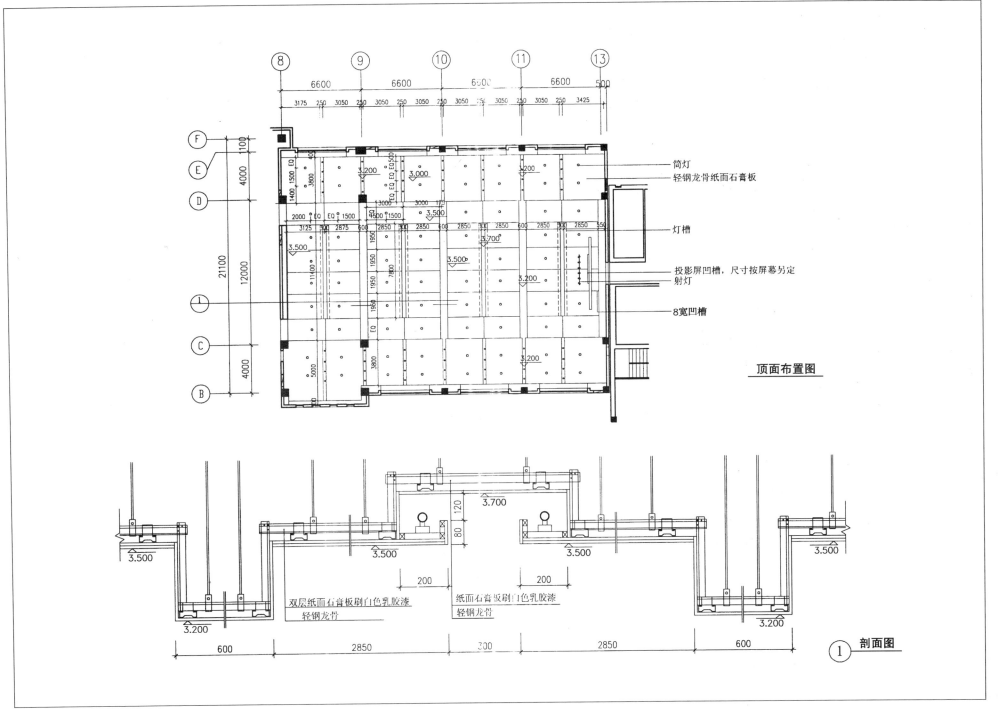

上海沪东工人文化宫

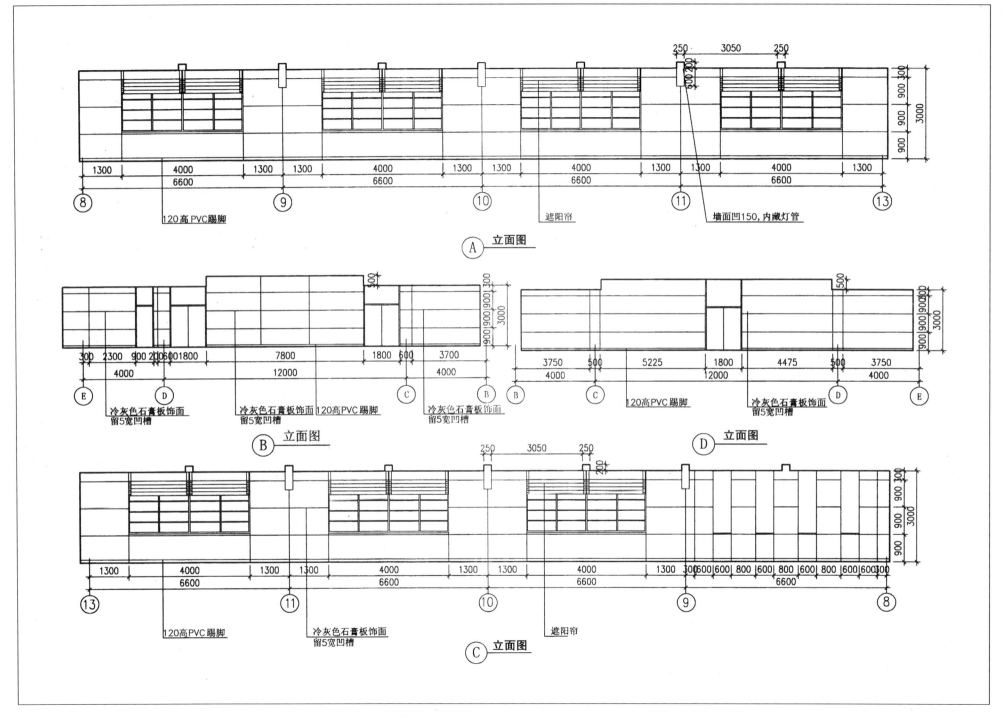

三、剧场、剧院

本章关注：作为大空间的演出场所，除了消防设计的第一要素外，建筑声学的计算数据是功能保证的最重要标准。因此，在设计初稿完成后，必须由声学设计进行数据计算，必要时还须对建材和造型做局部模拟试验，并对照声学要求核对或修改装饰设计。我们看到的剧场、剧院的顶面和墙面大多是凹凸的和反射材料与吸声材料相间的，就是基于建筑声学的需要。观众席的照明设计要考虑进出场、演出、电影放映、书写阅读等各种场景的使用状况。

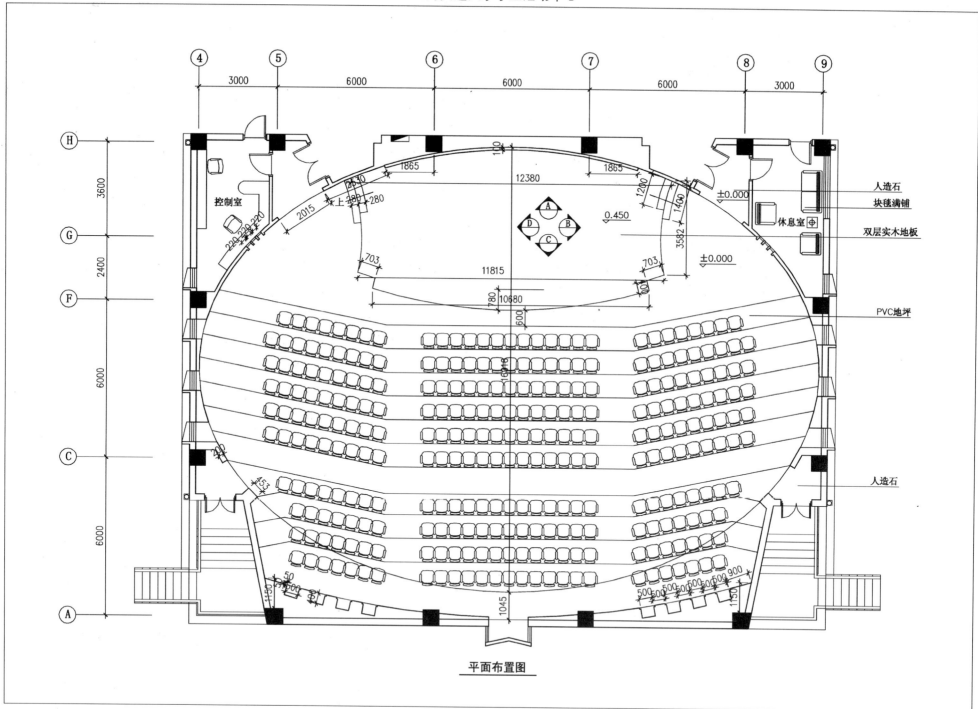

平面布置图

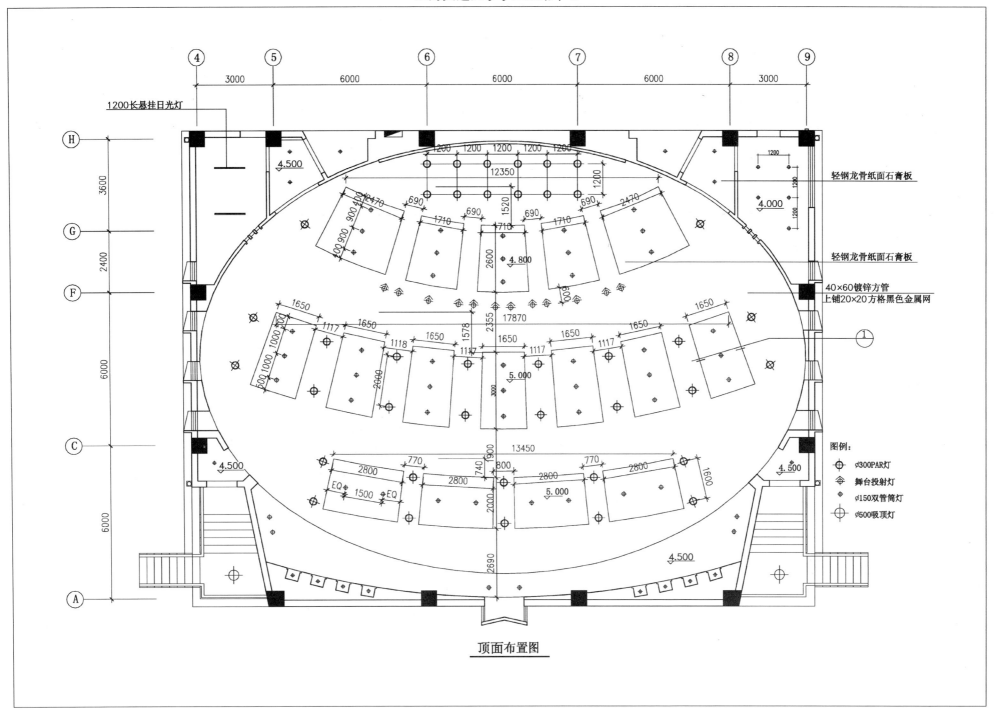

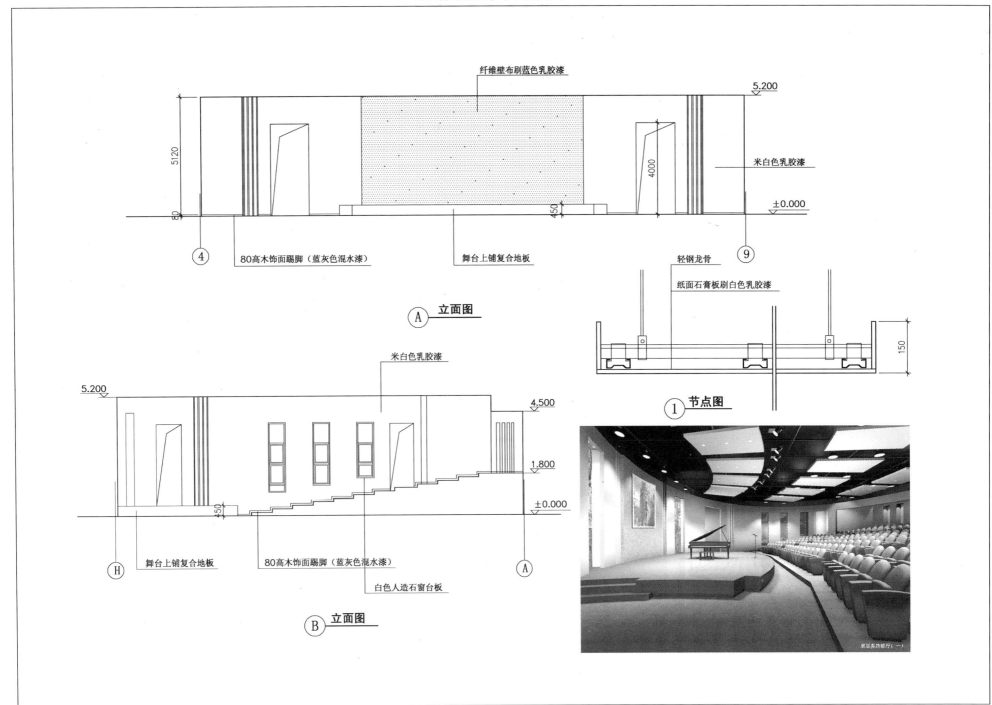

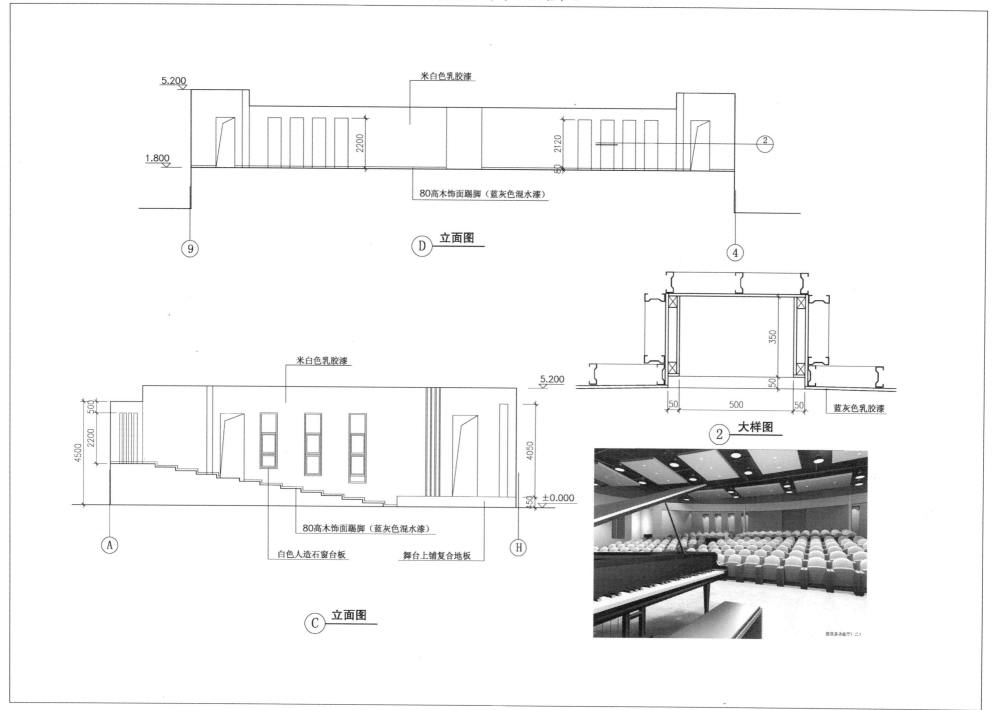

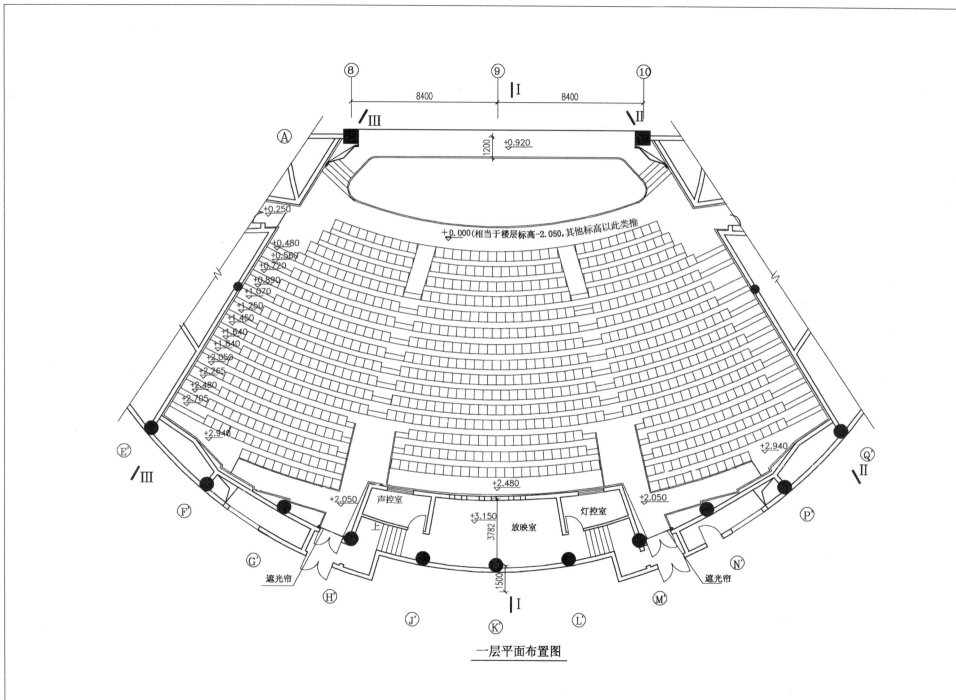

一层平面布置图

浙江艺术学院

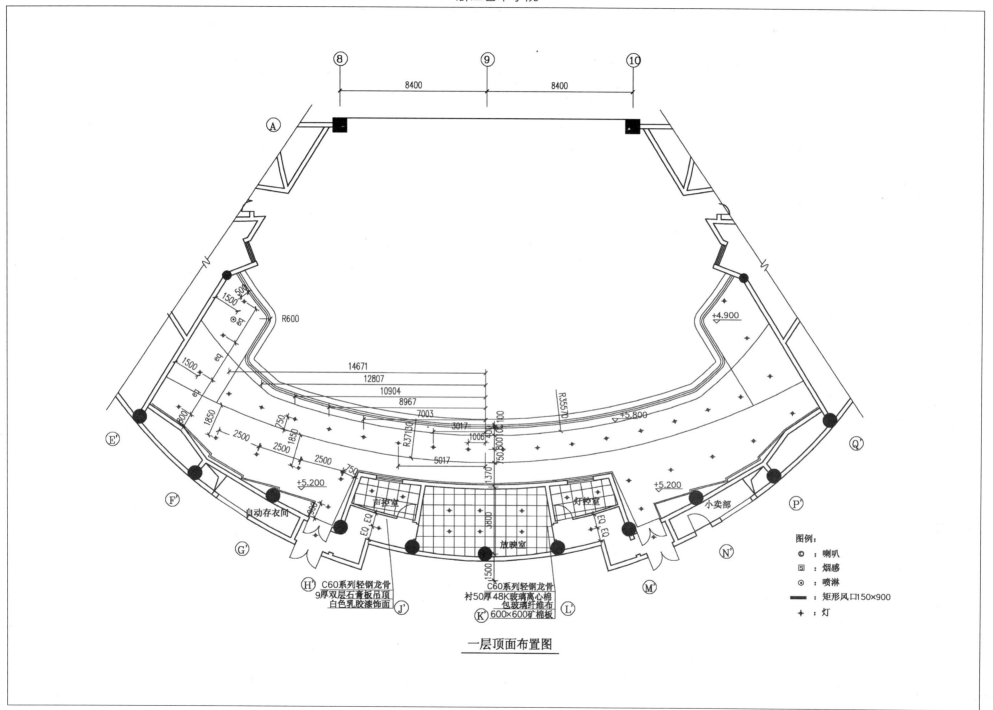

一层顶面布置图

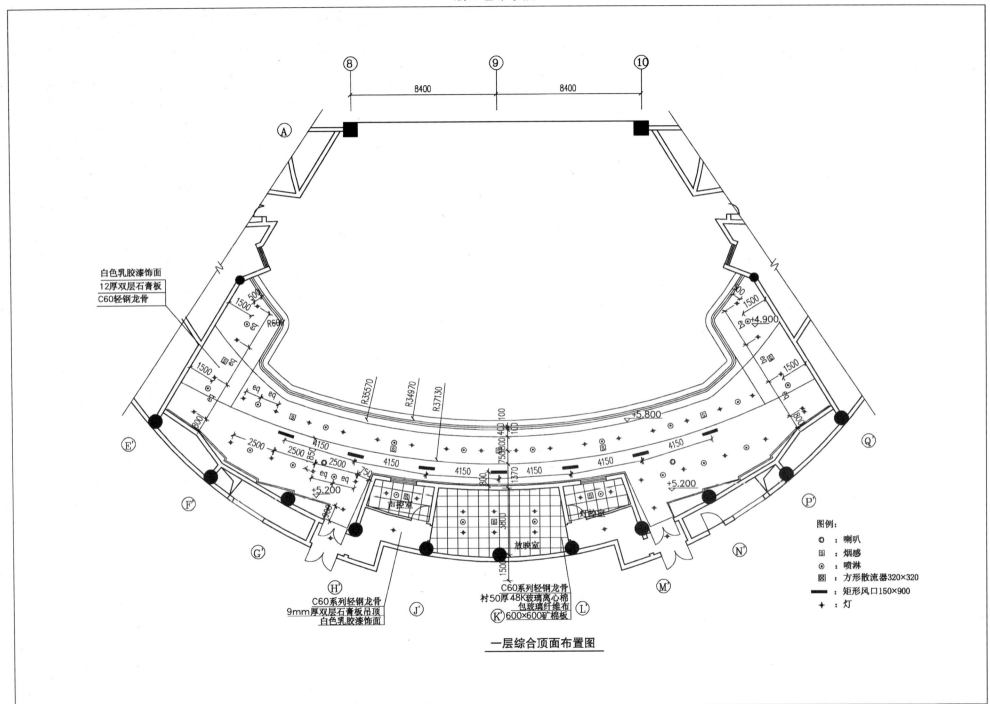

一层综合顶面布置图

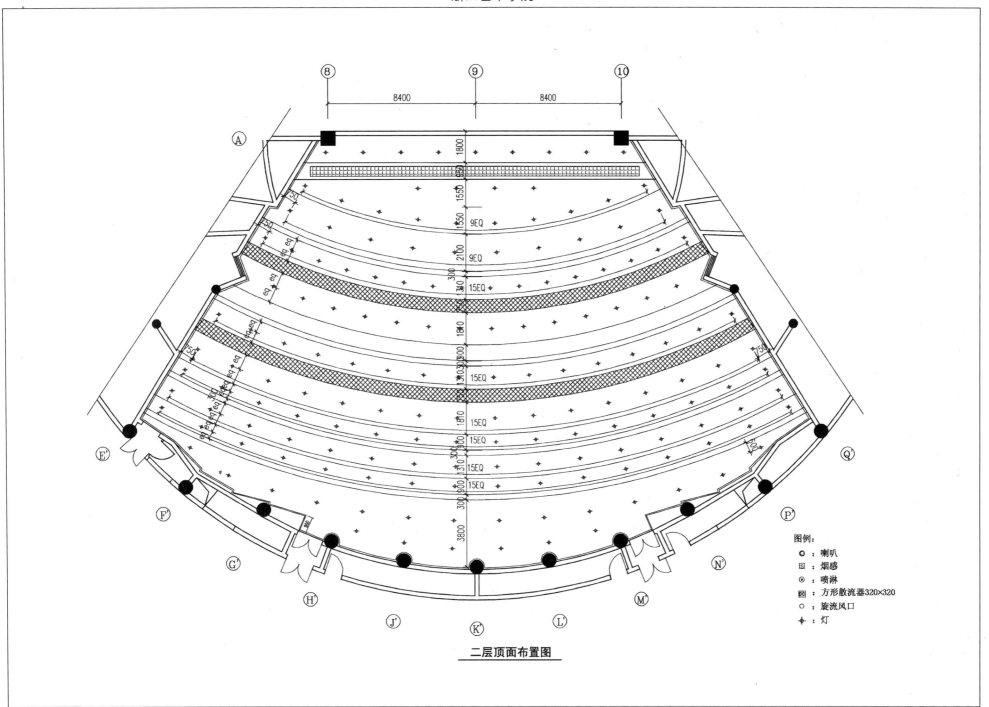

二层顶面布置图

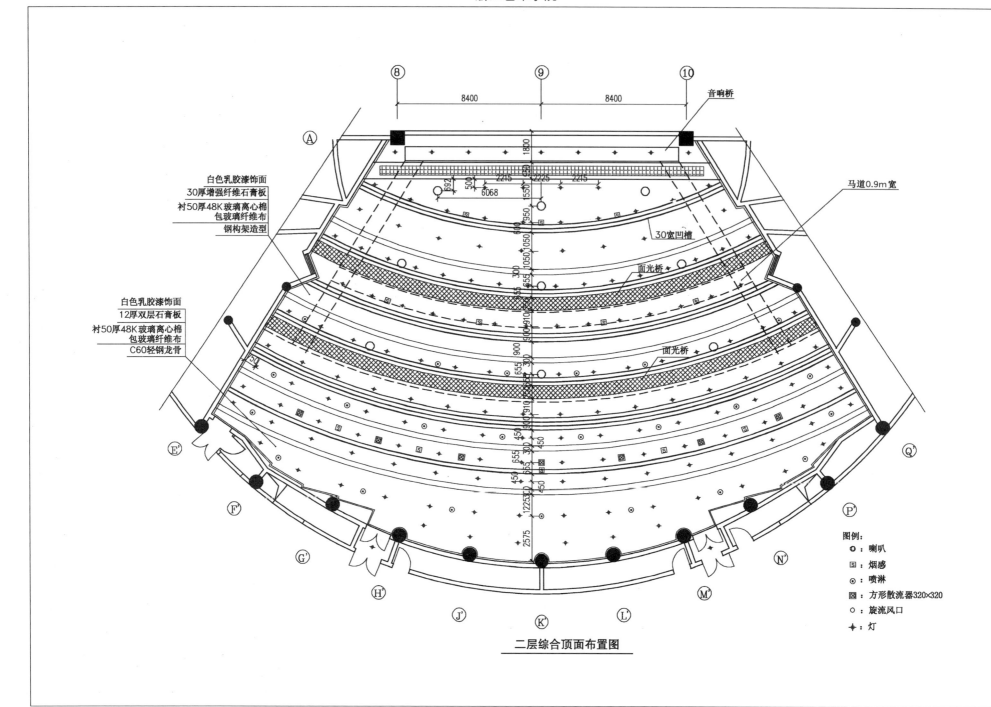

二层综合顶面布置图

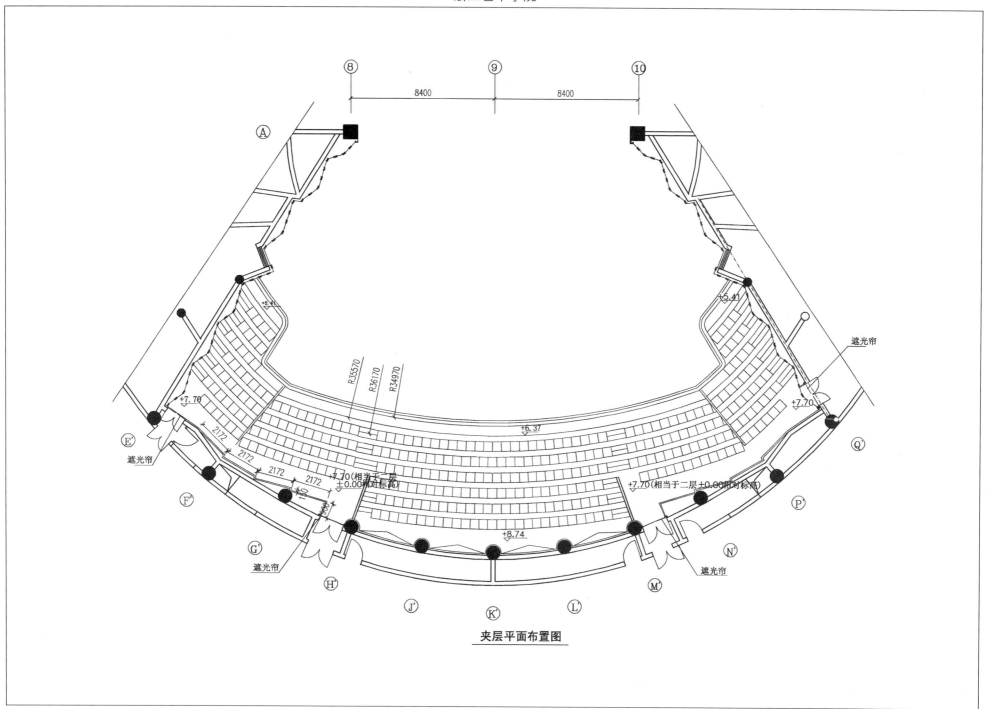

夹层平面布置图

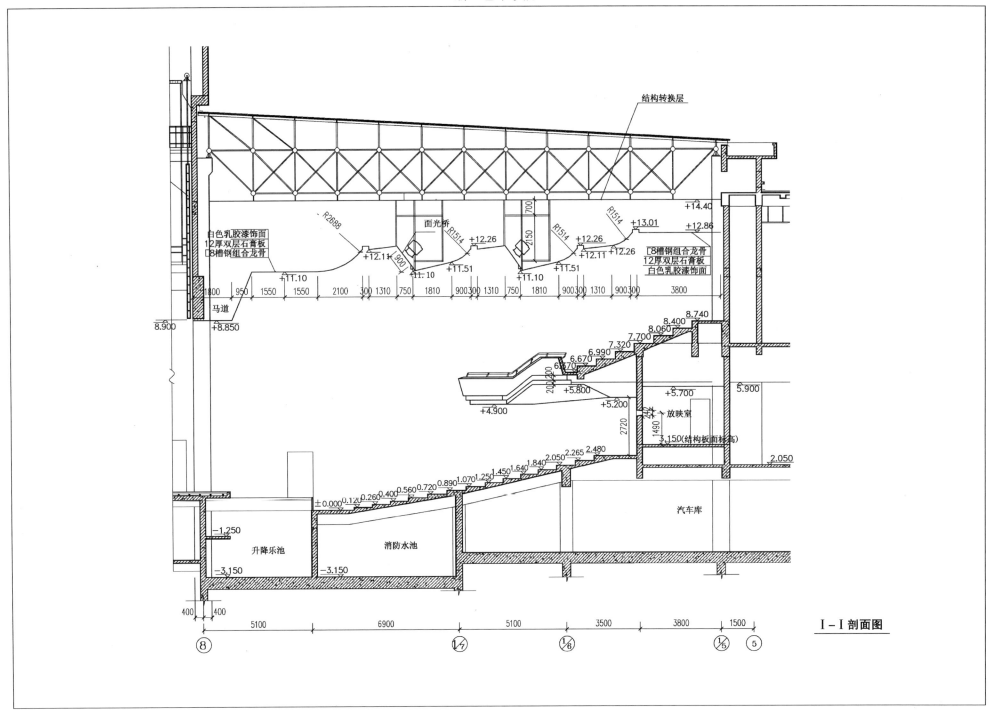

Ⅰ-Ⅰ 剖面图

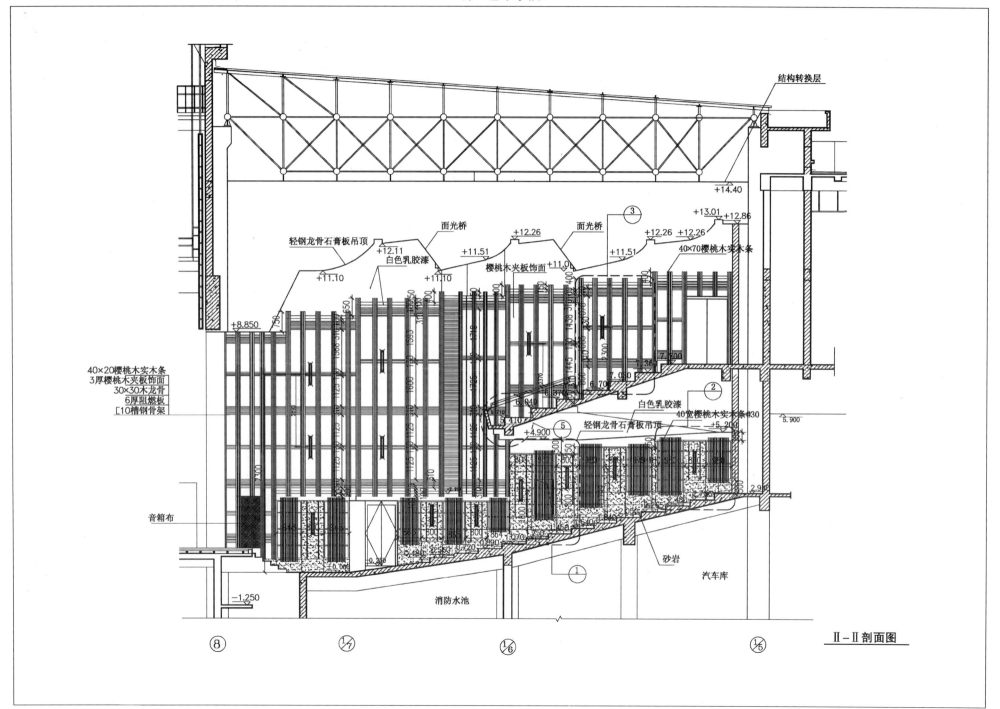

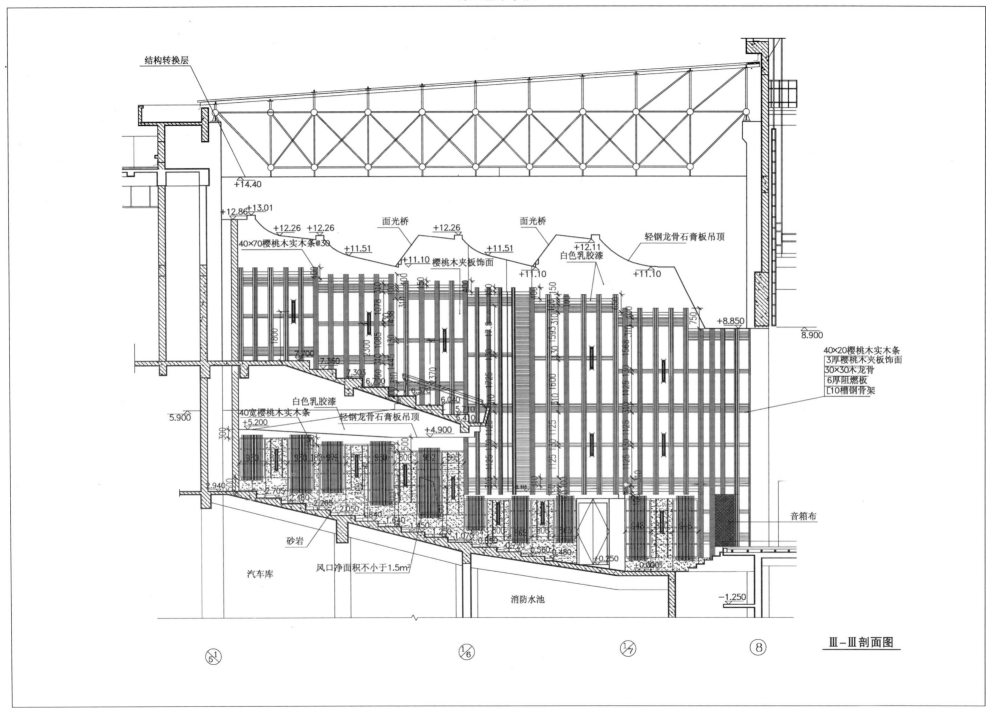

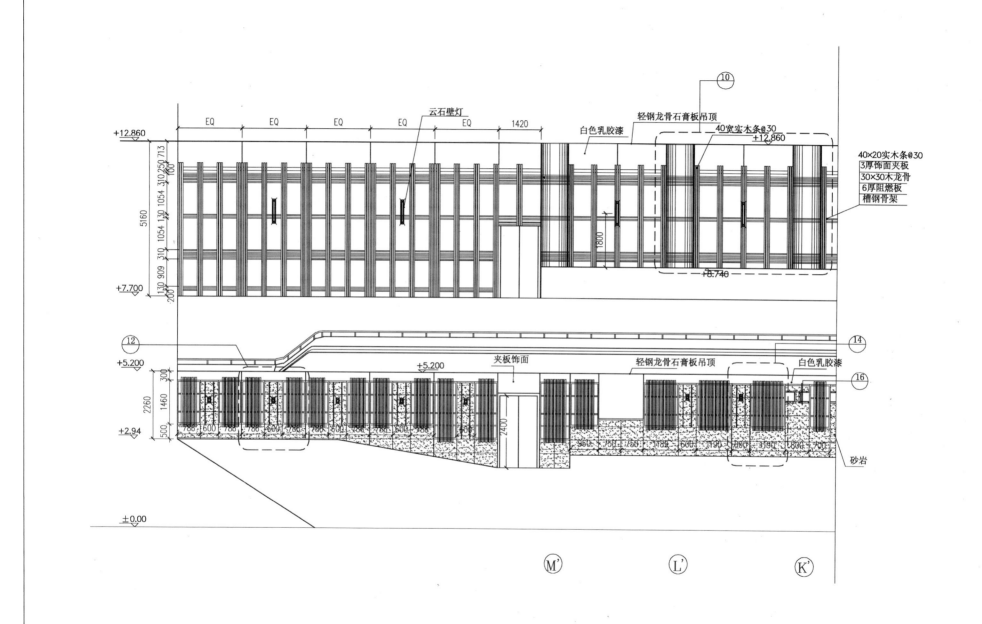

背立面图展开图1

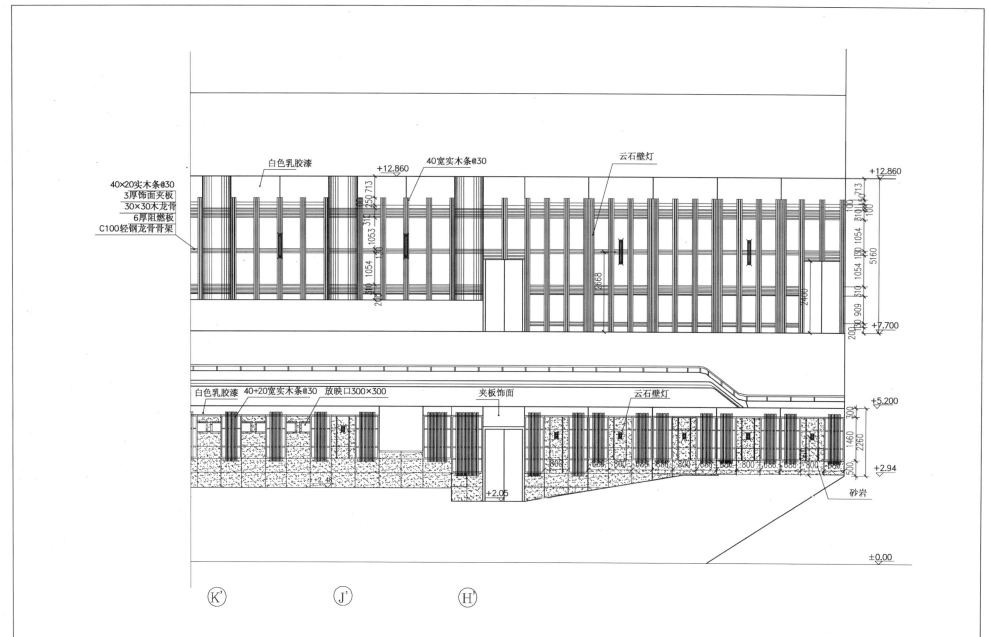

背立面展开图2

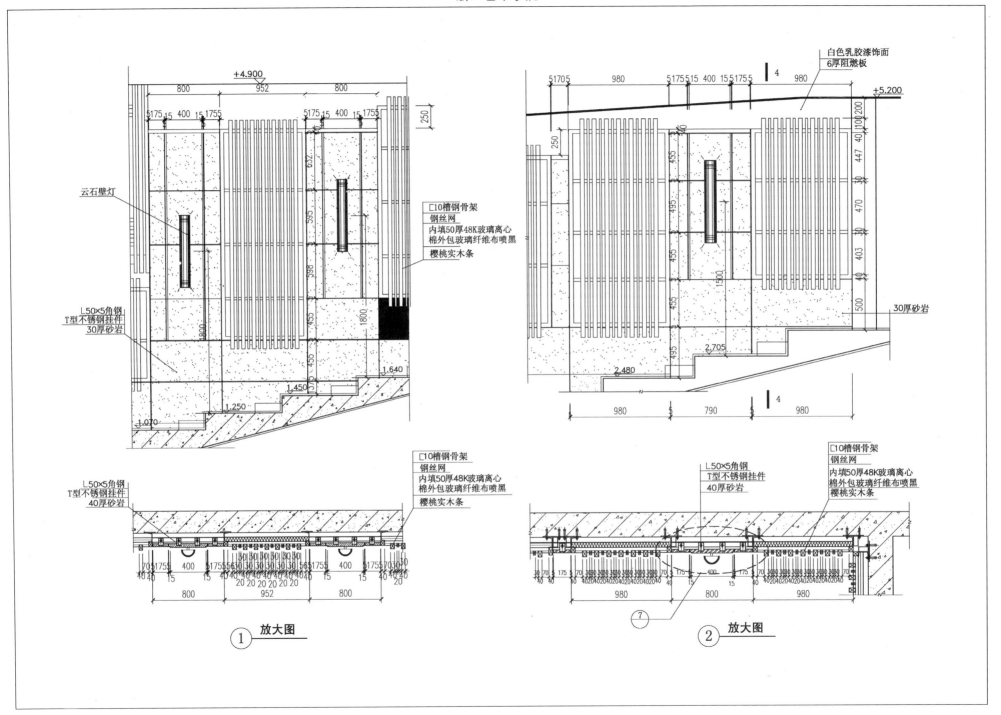

浙江艺术学院

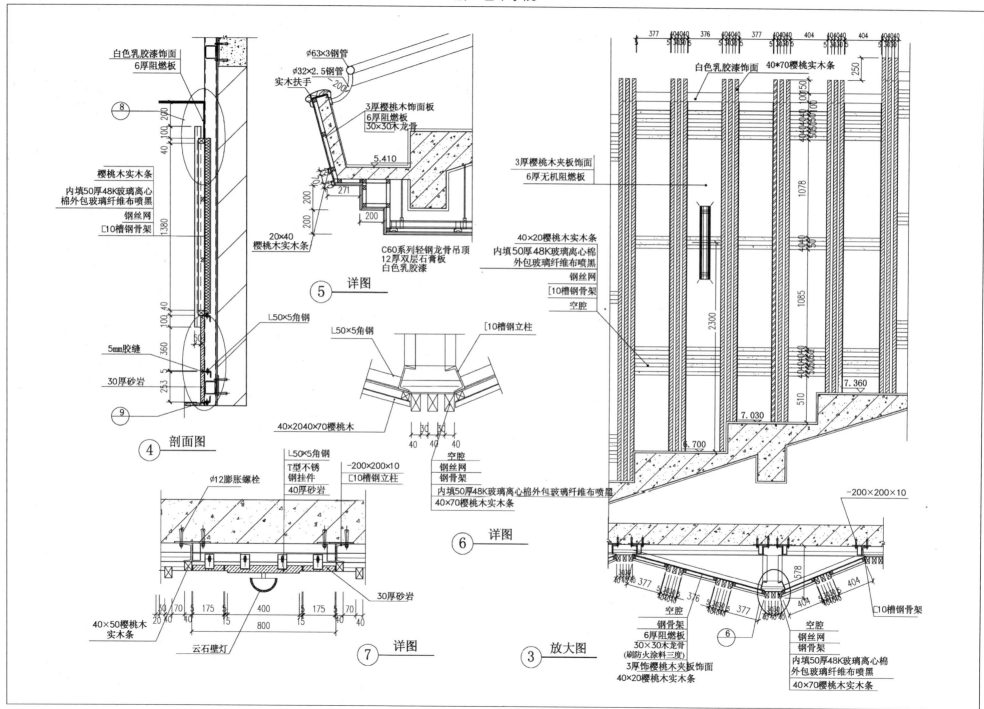

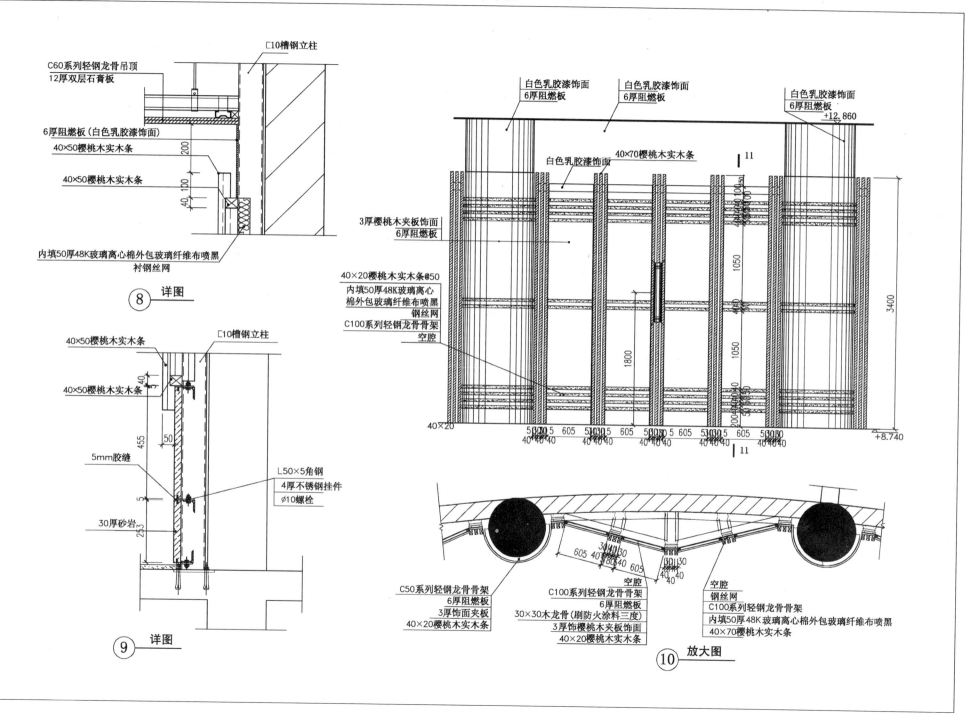

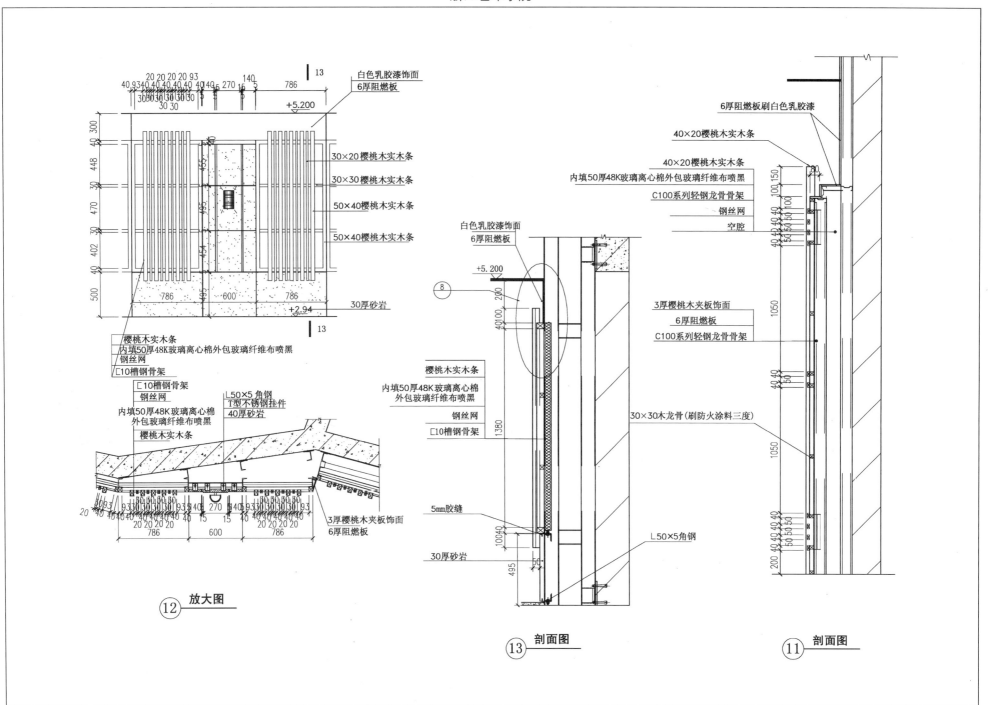

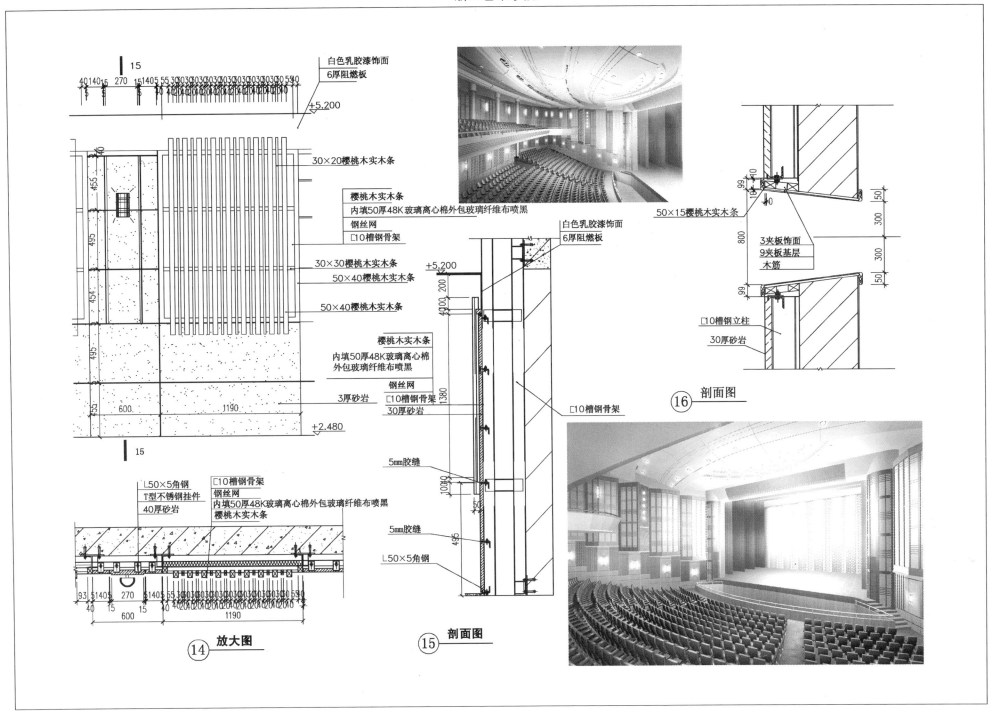

上海国家会计师学院会议中心

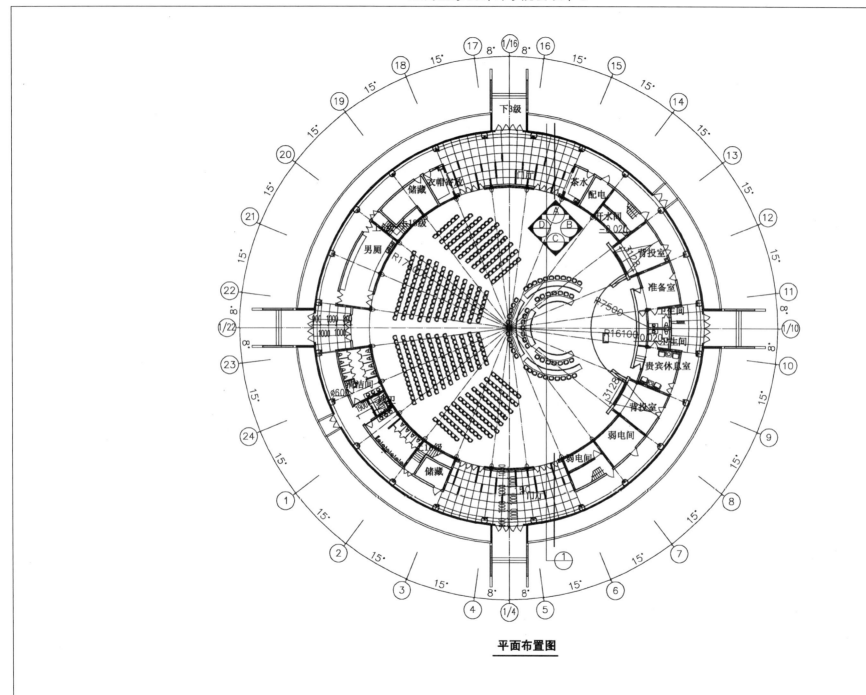

平面布置图

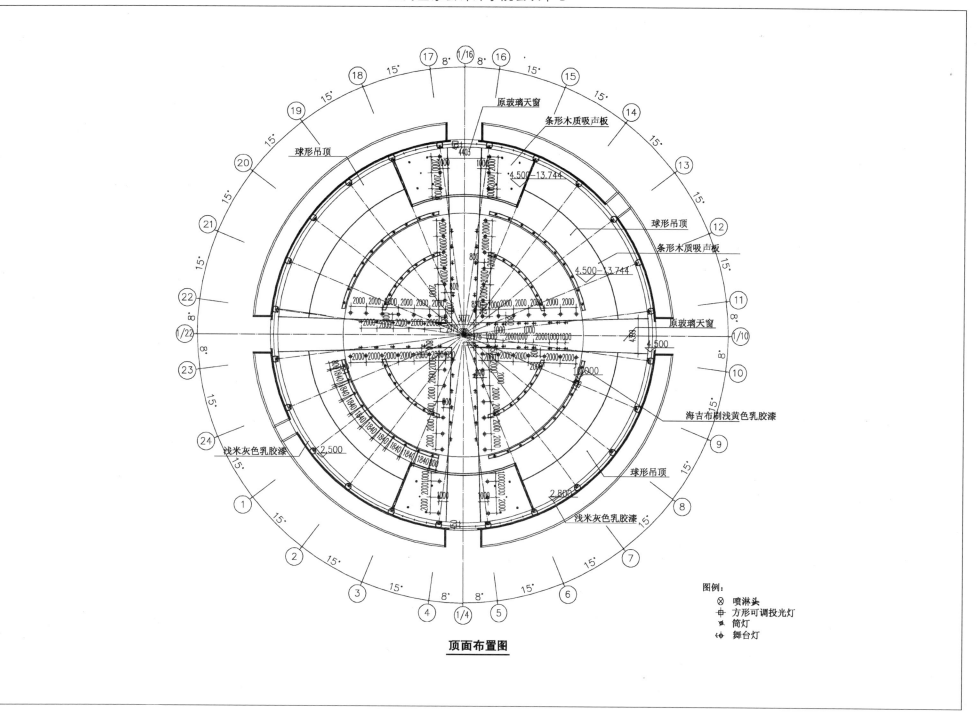

顶面布置图

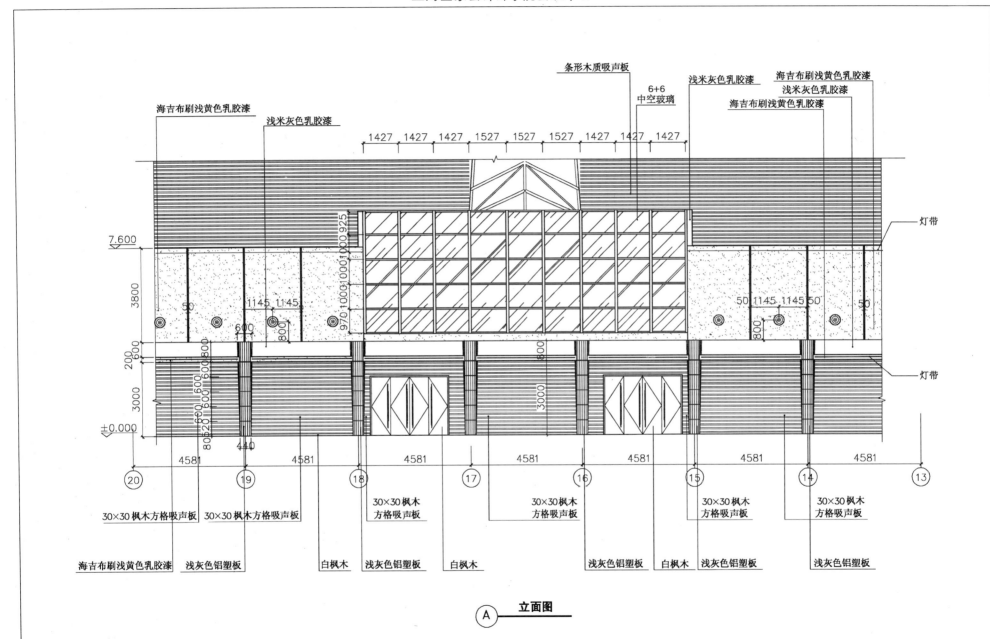

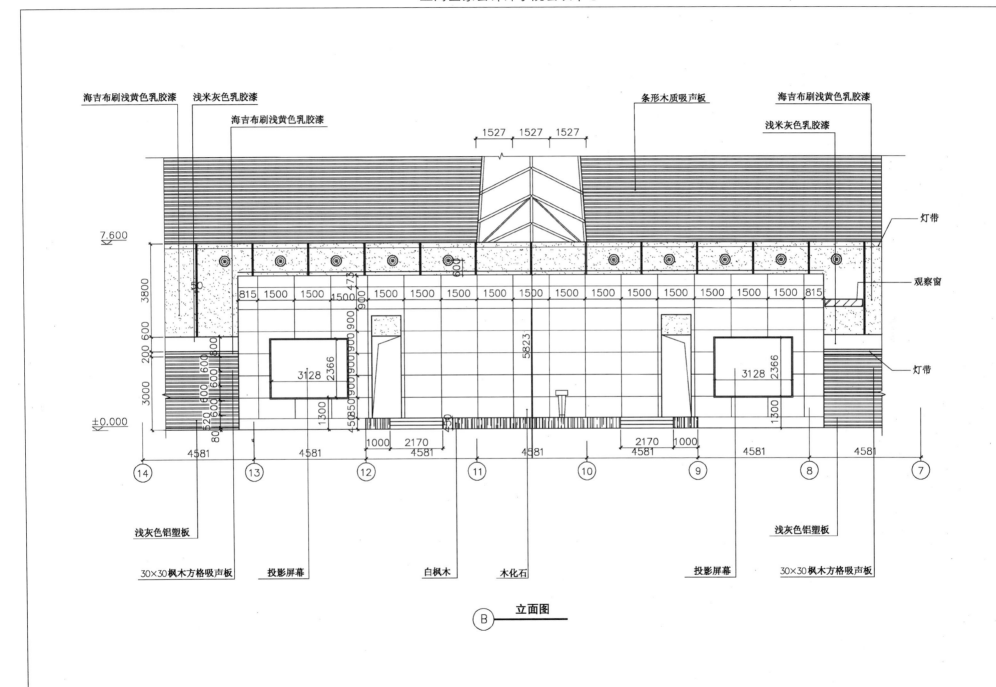

上海国家会计师学院会议中心

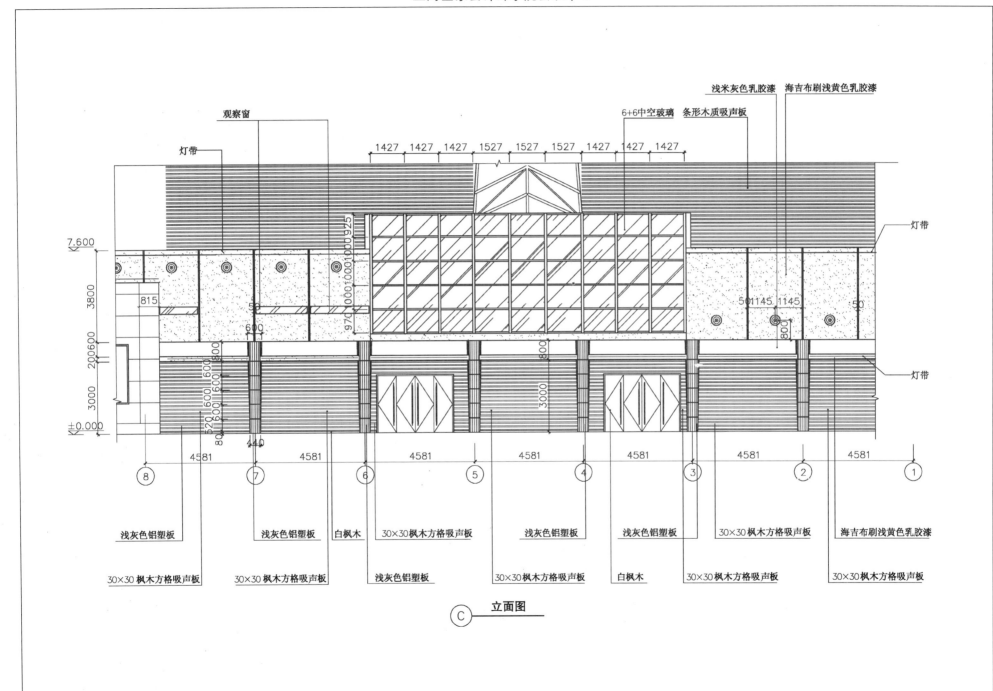

C 立面图

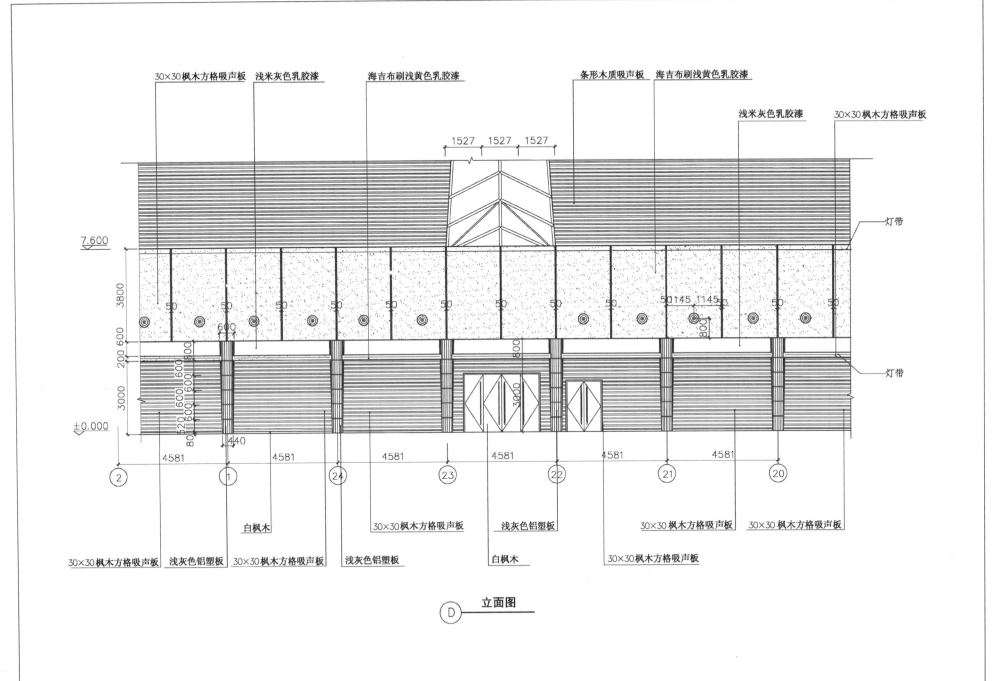

上海国家会计师学院会议中心

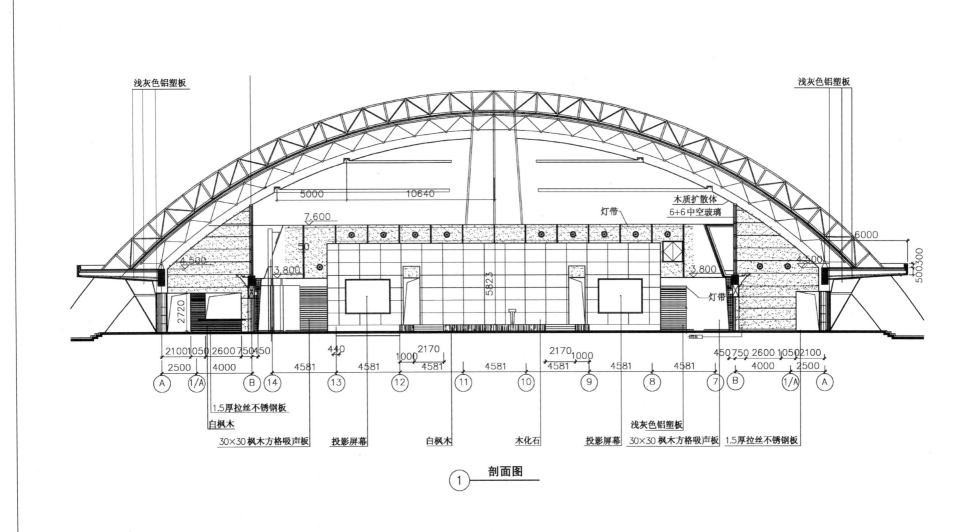

四、多功能厅

本章关注：多功能厅是一个理想化的空间名称，必须了解该空间的高频率使用性质，确定其主导功能，在此基础上将其他的功能融汇于内，否则很难做到每一个功能都尽善尽美，因为有些使用功能的要求是互相抵触的，放弃的部分应该是业主可以接受的。固定的构件尽可能少，灯光和控制开关合理细分，插座多设置一些一定会受到使用者的欢迎，出入口的门开得再大也不为过。防火要求在这里还是第一重要的设计要素。

上海新江湾城文化中心

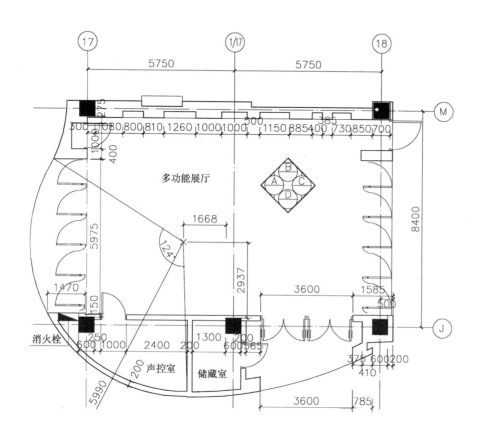

平面布置图

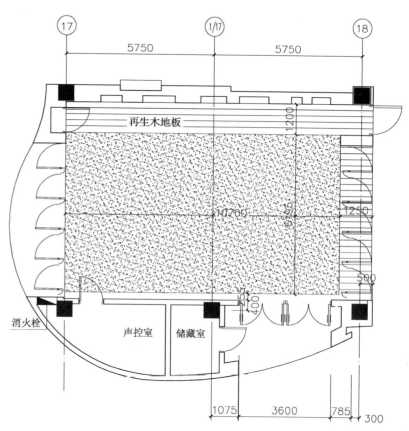

铺地图

上海新江湾城文化中心

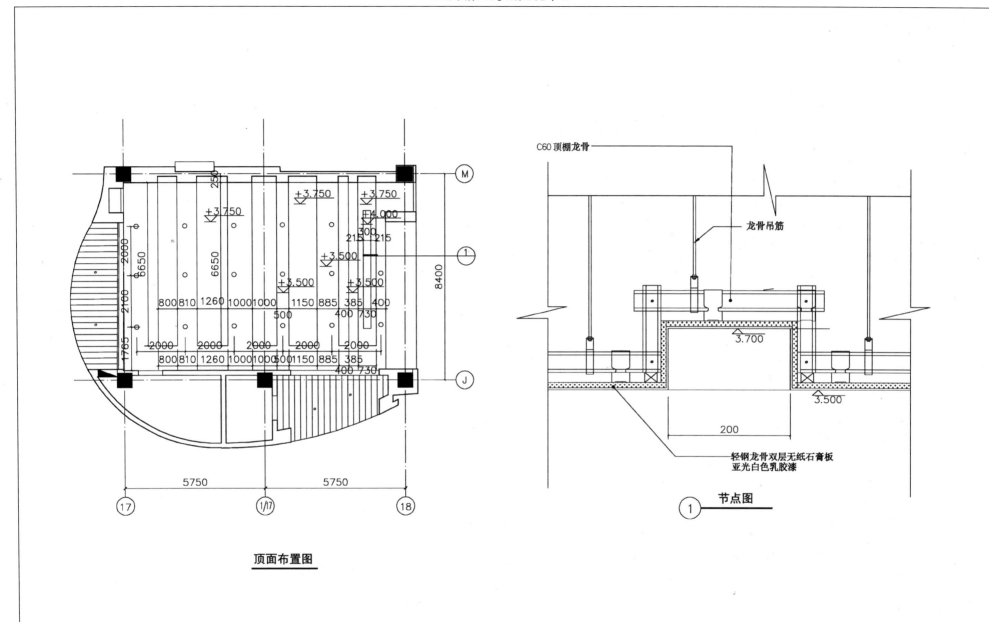

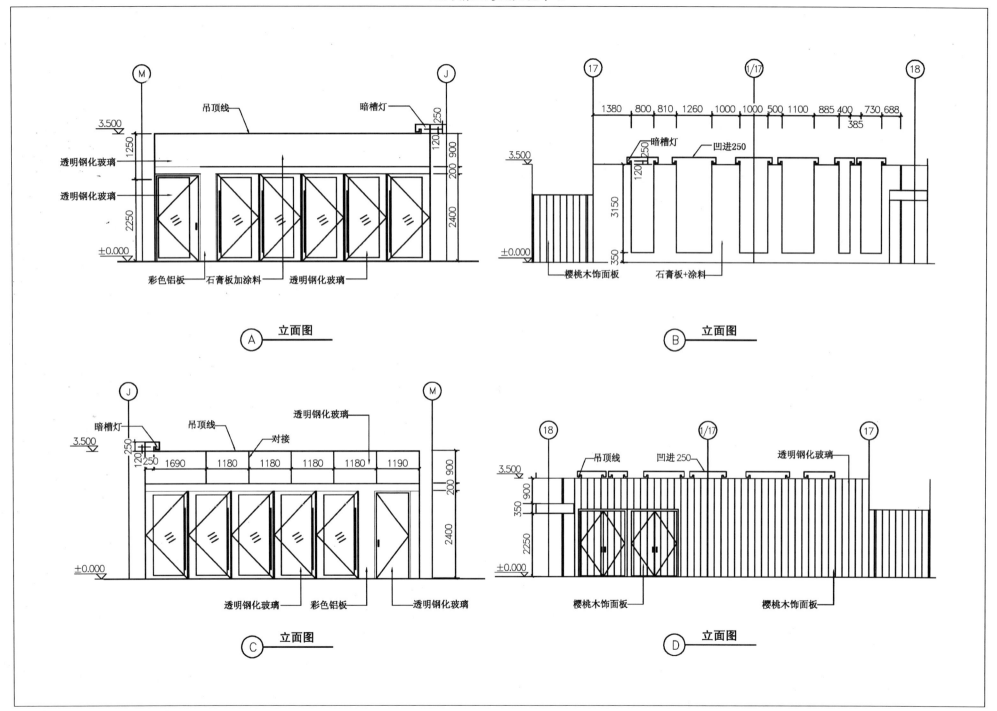

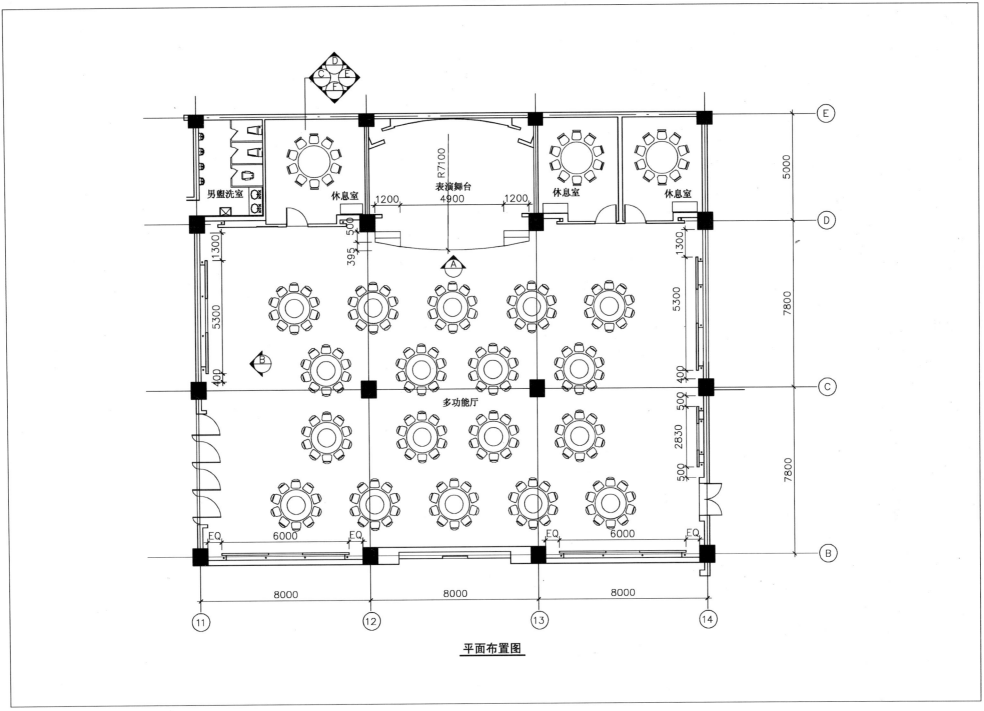
平面布置图

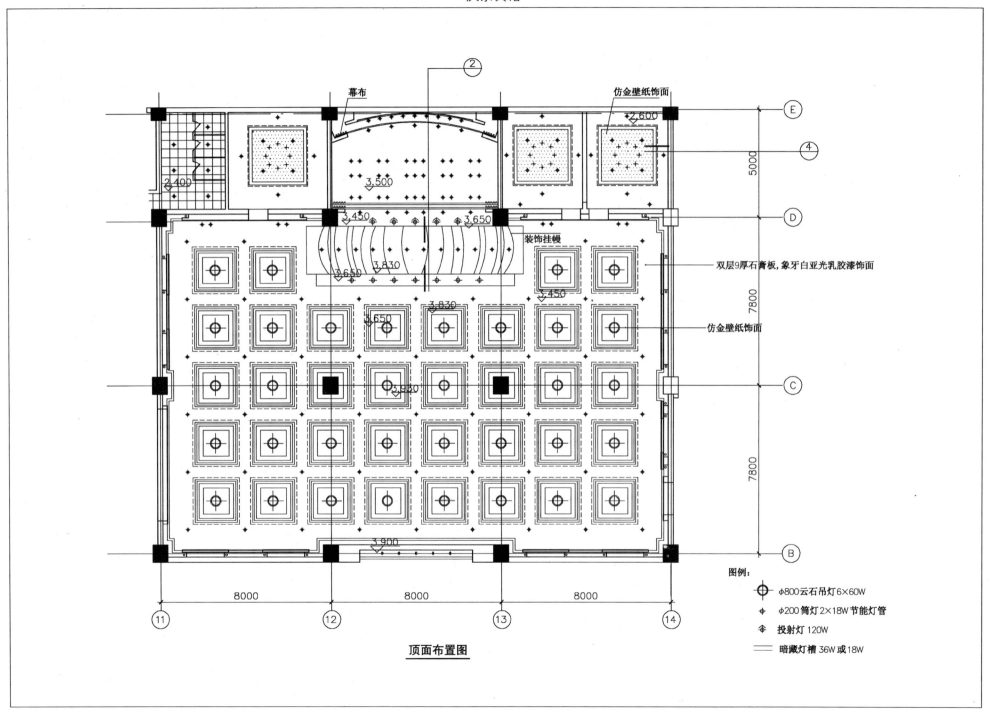

庆余宾馆

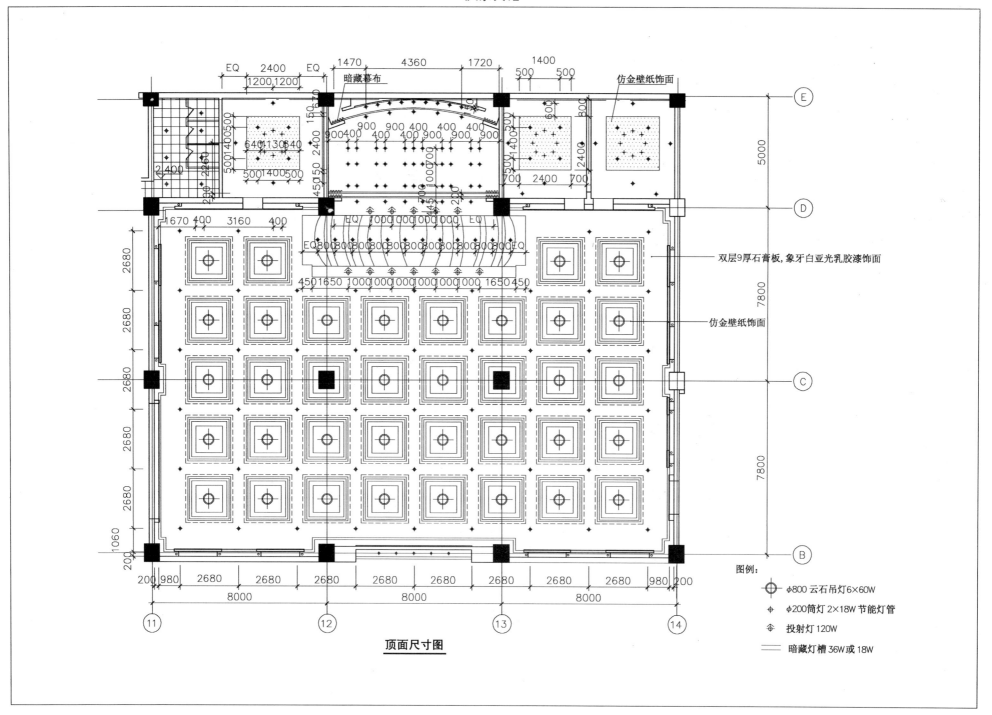

顶面尺寸图

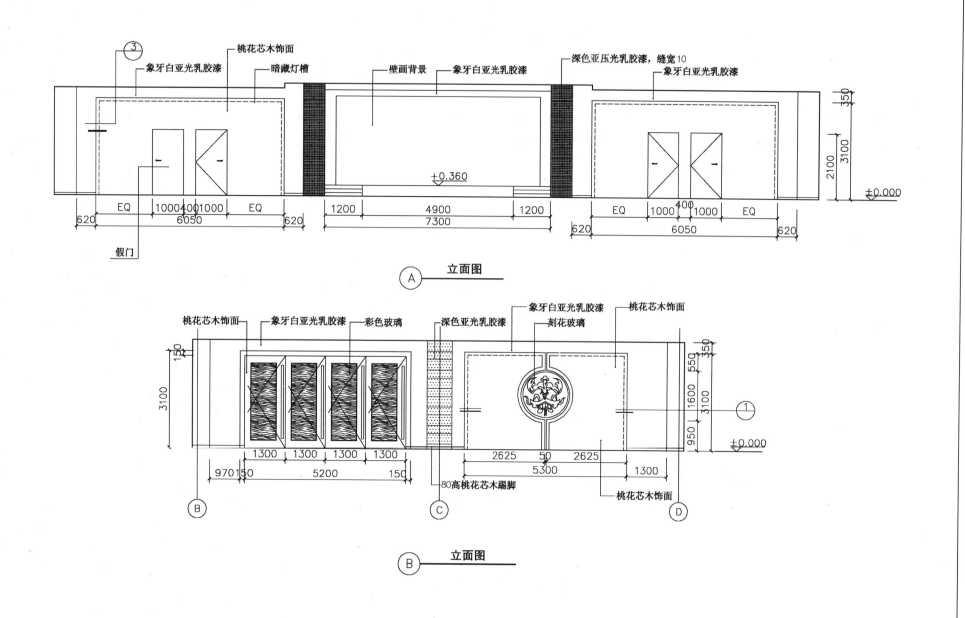

庆余宾馆

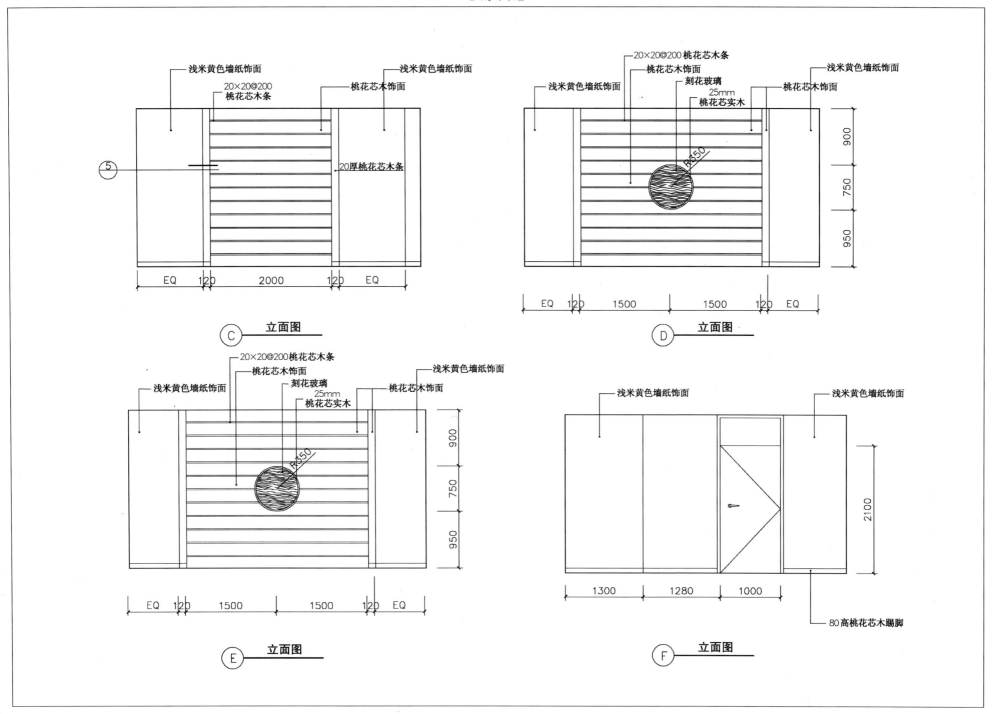

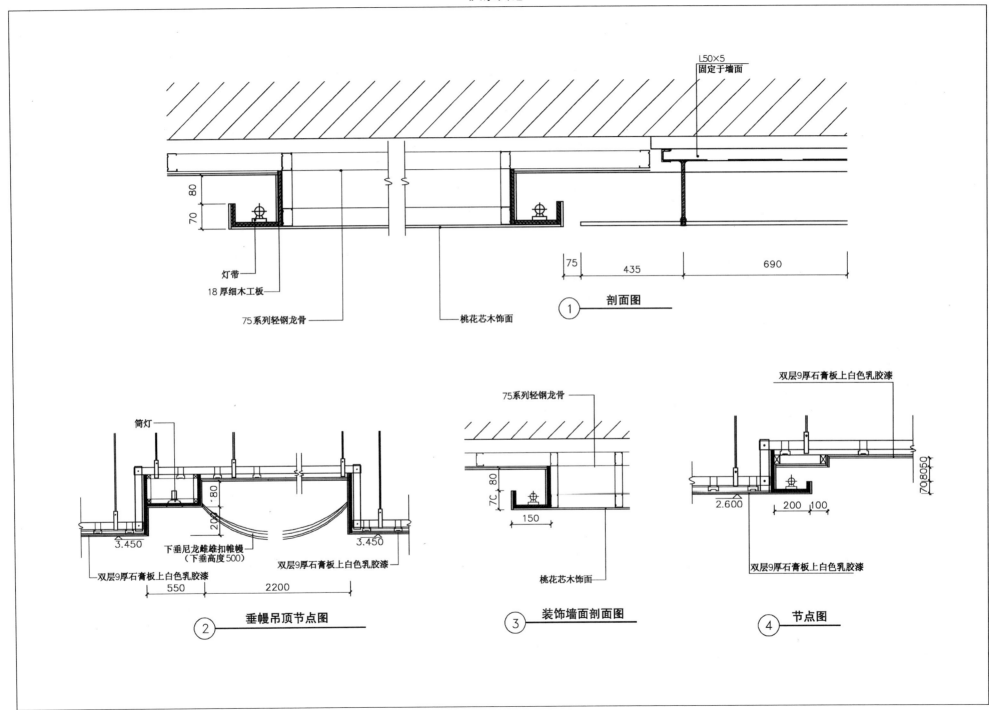

五、卫 生 间

本章关注：公共卫生间门的开启方向，是很多设计容易忽视的问题，要避免在门打开的一瞬间，将内部很多角度都暴露的情况。尽管现在的卫生间清洁管理大都很到位，但杂物间和拖布池还应该尽可能设置，隔间进深决定了门的开启方向，地漏必须设置，没有条件降低地坪低于室外20mm的，不能因强调美观而放弃设置门槛，残疾人隔间的门要以双向开启为首选，空间尽量放大，以方便残疾人的活动。

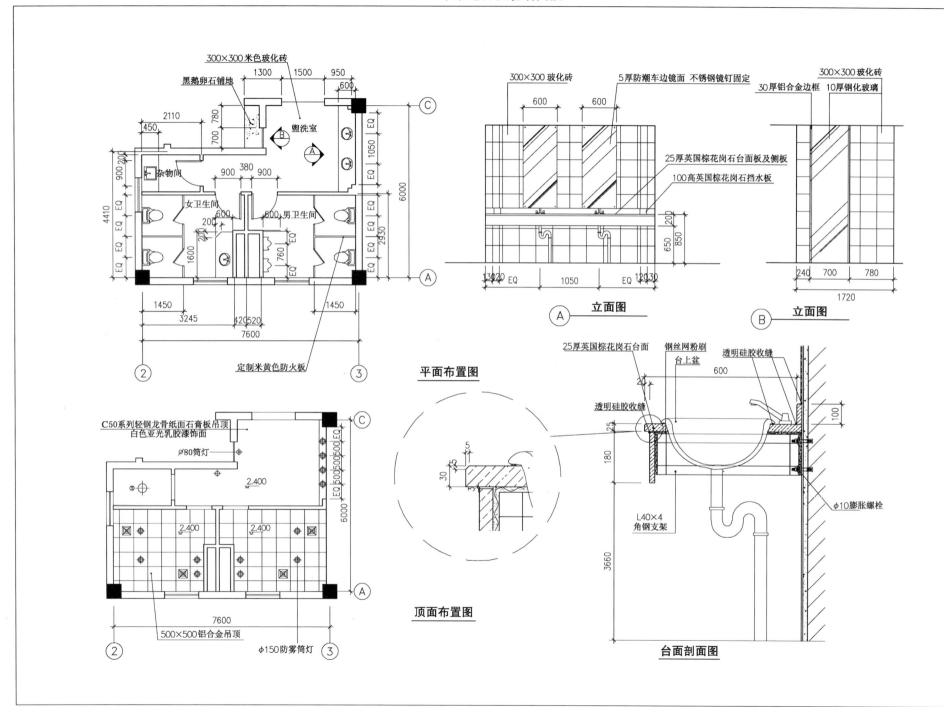

上海知音小区会所

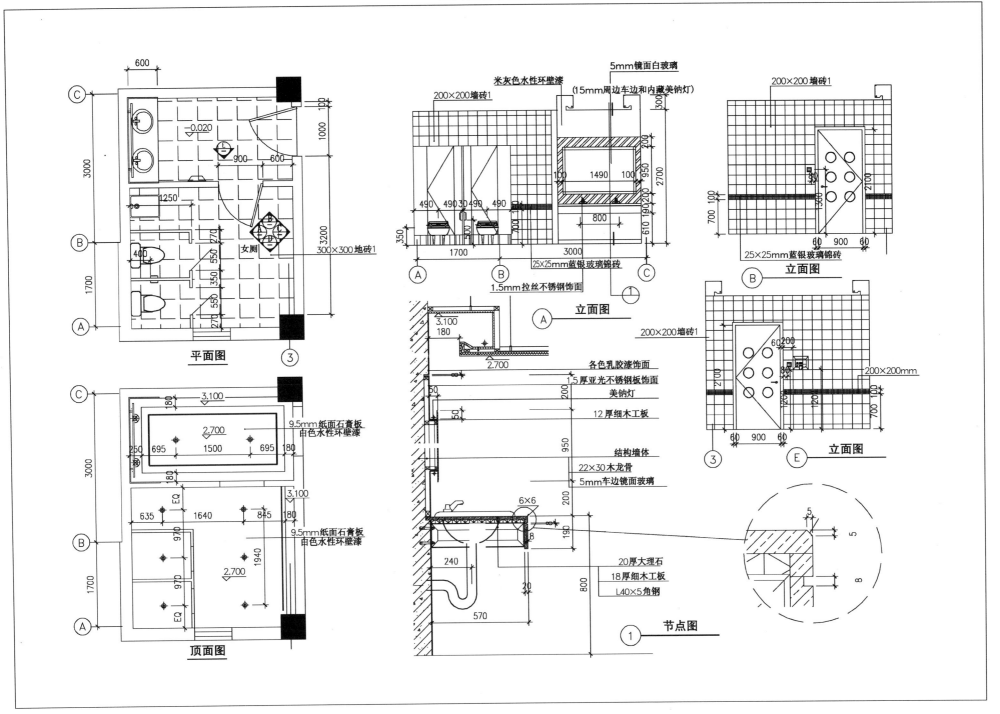

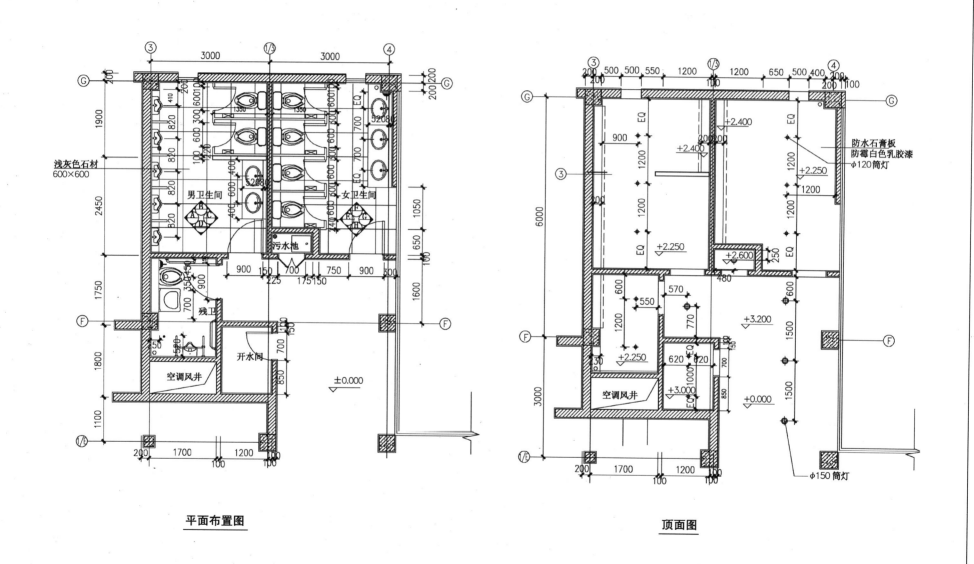

平面布置图   顶面图

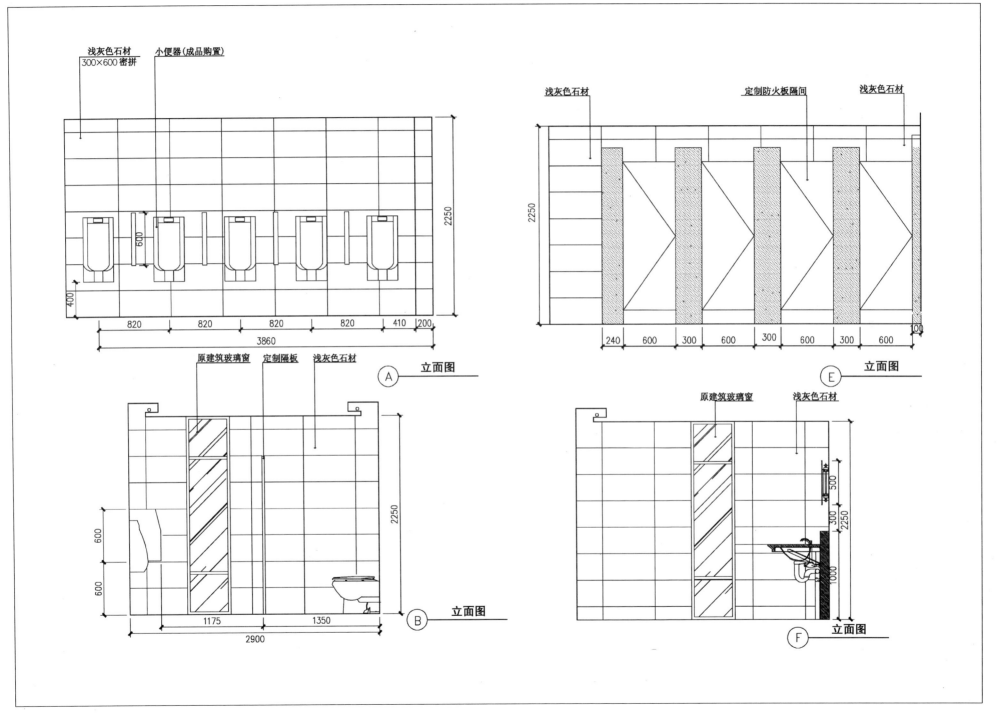

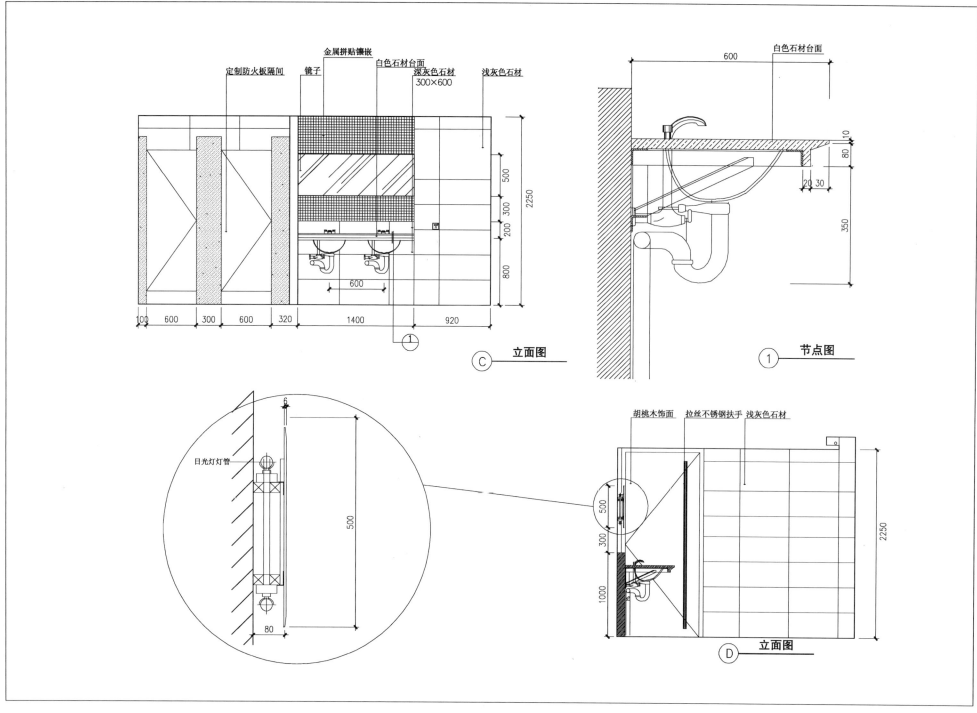

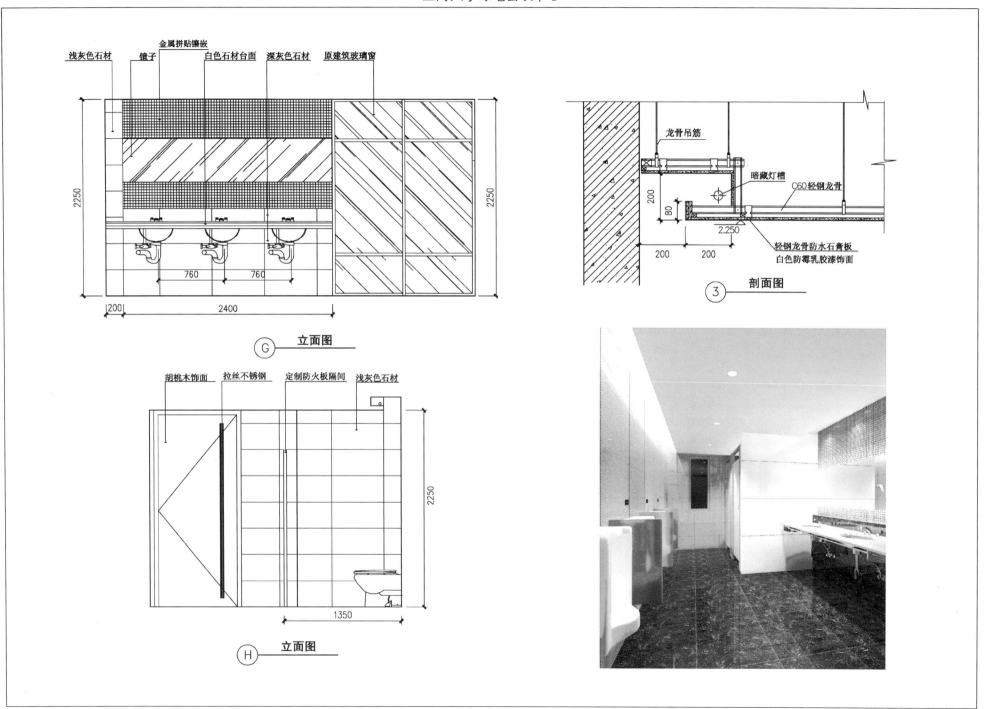

上海联合商务大厦

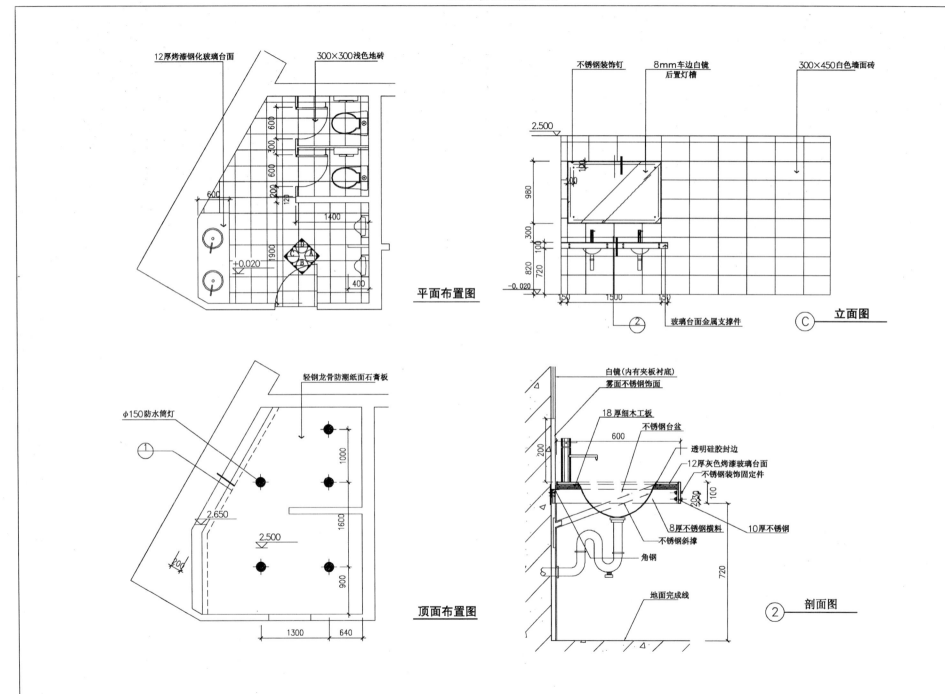

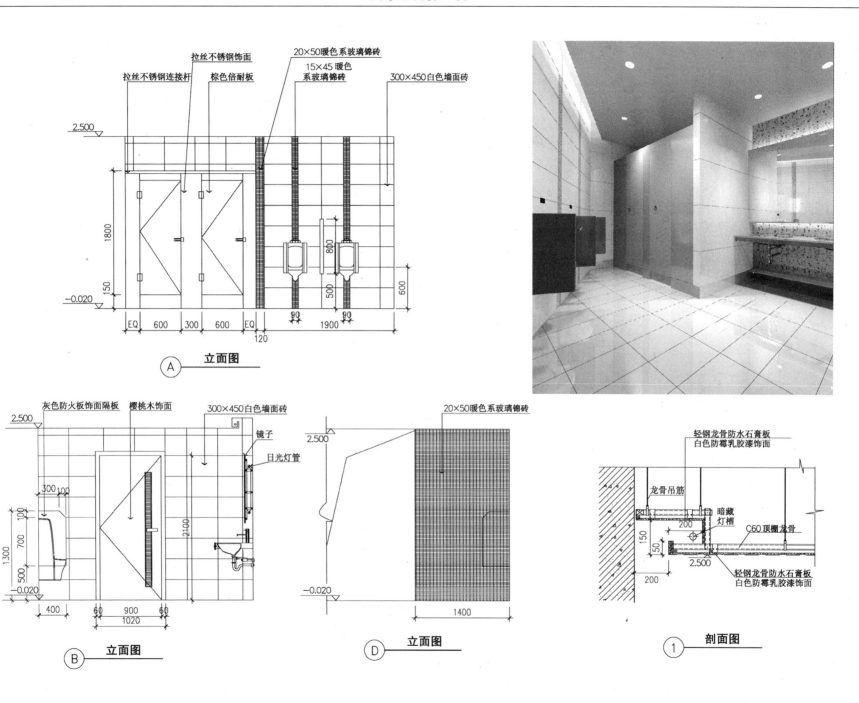

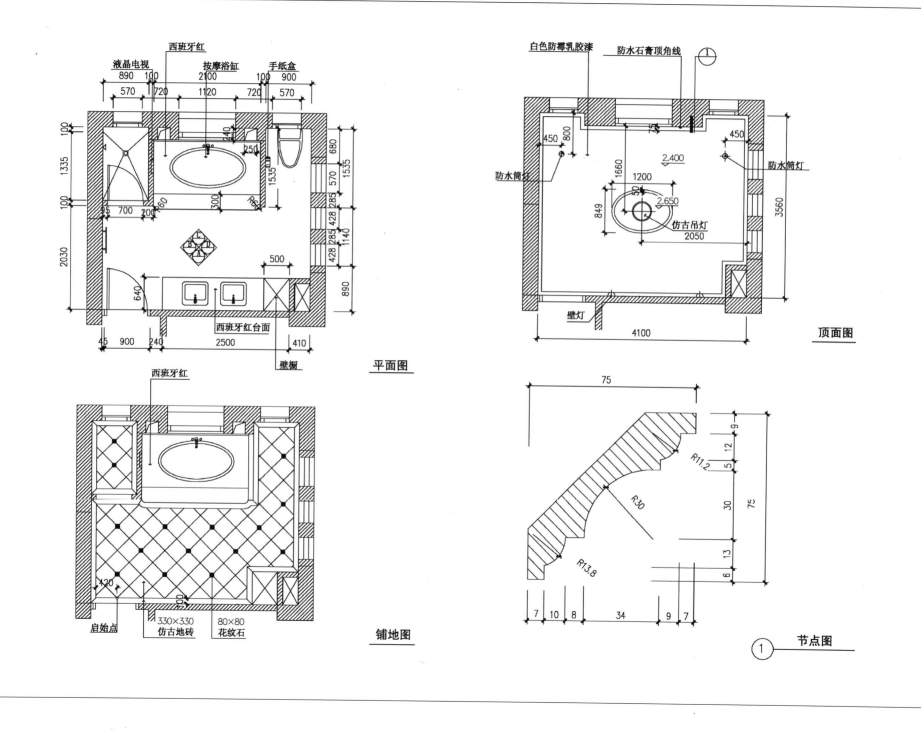

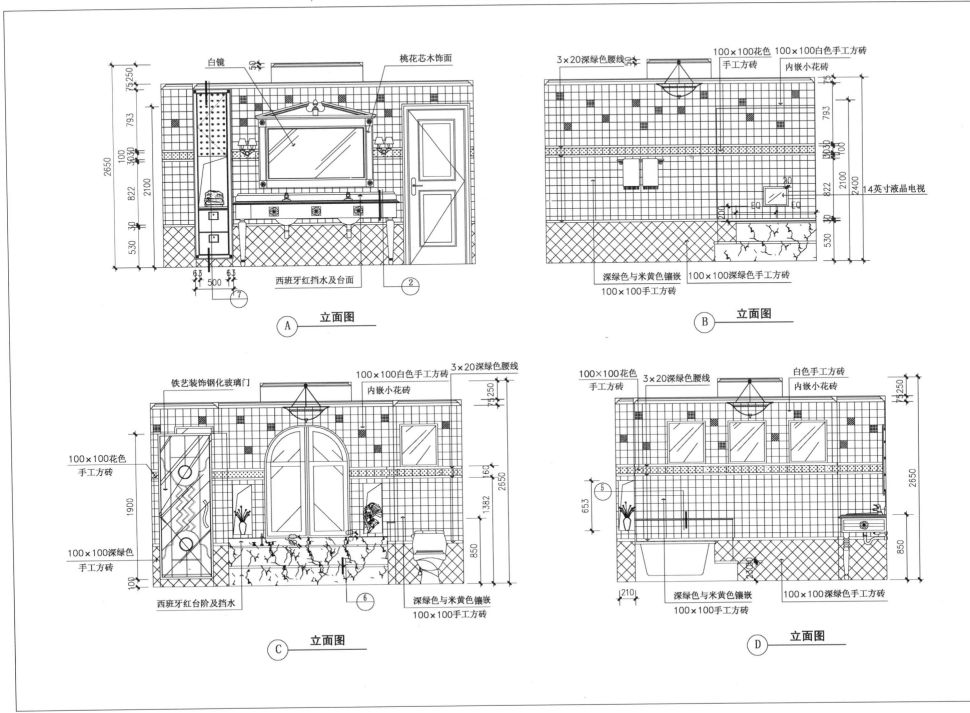

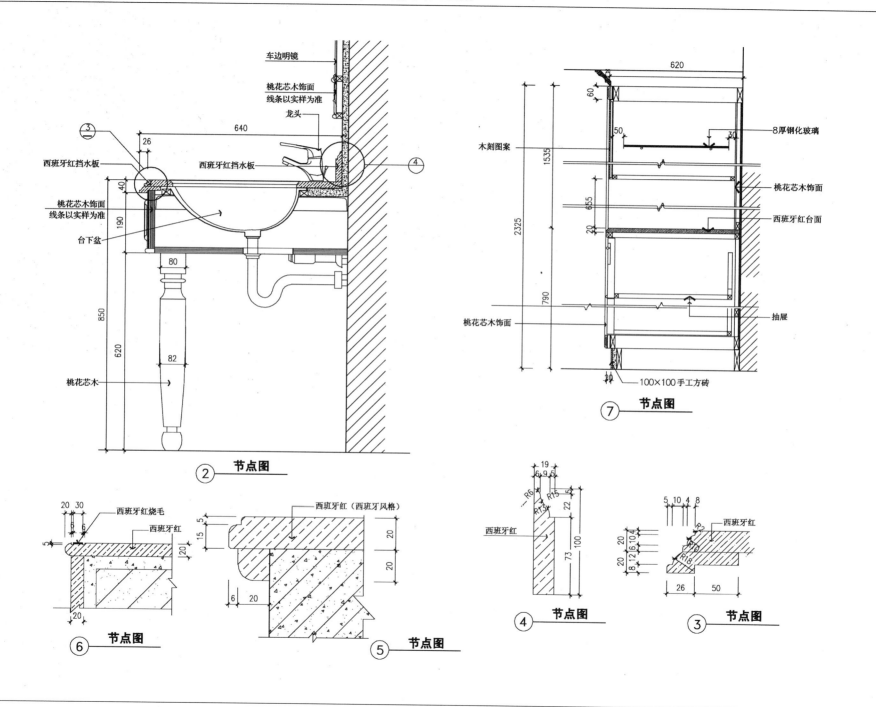

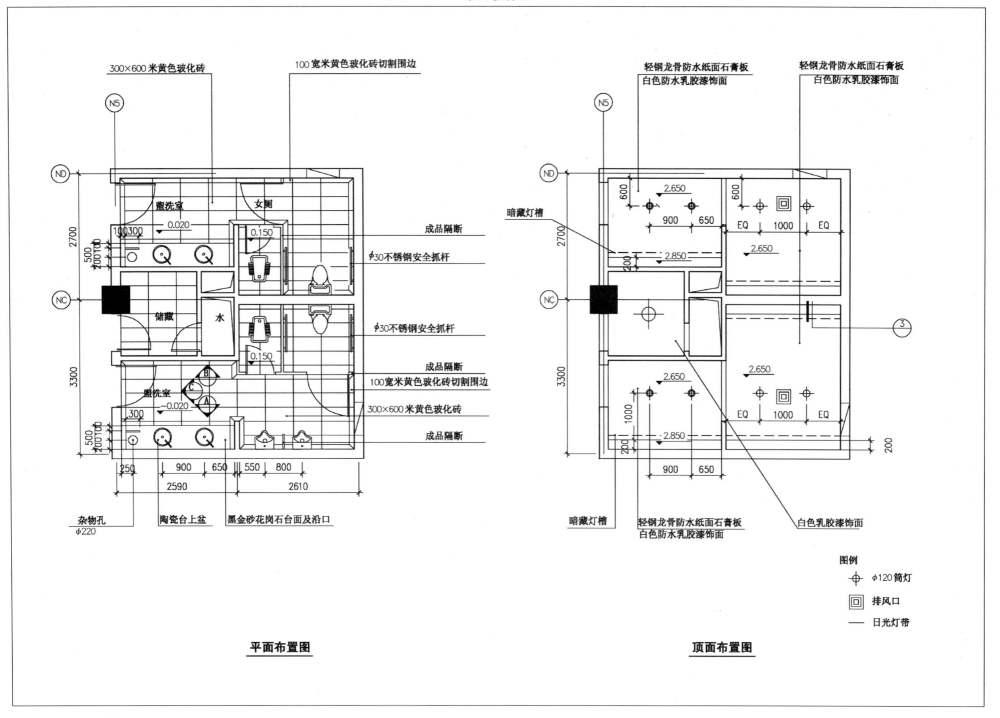

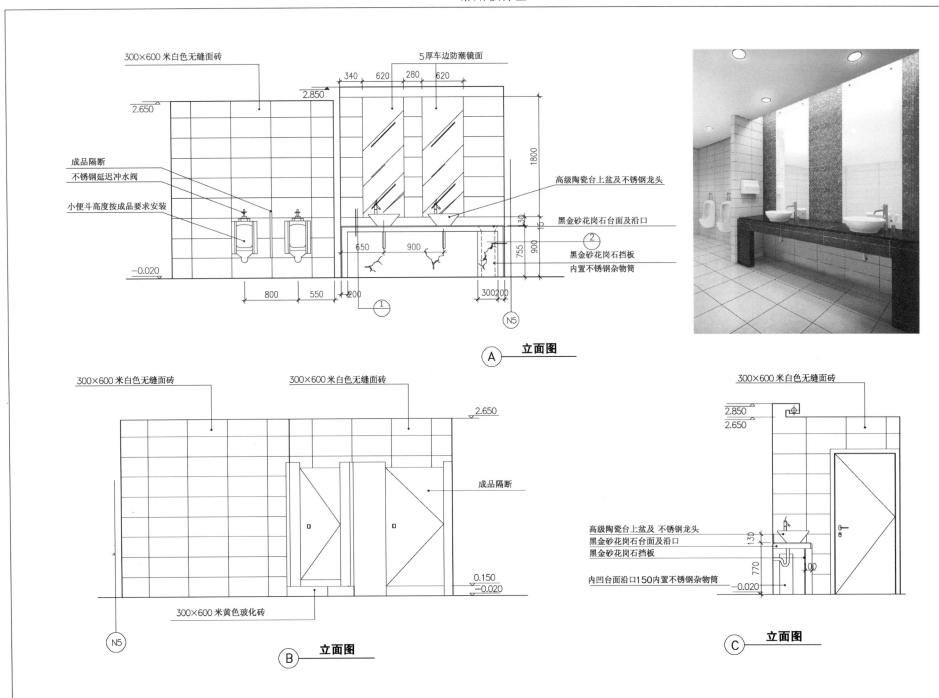

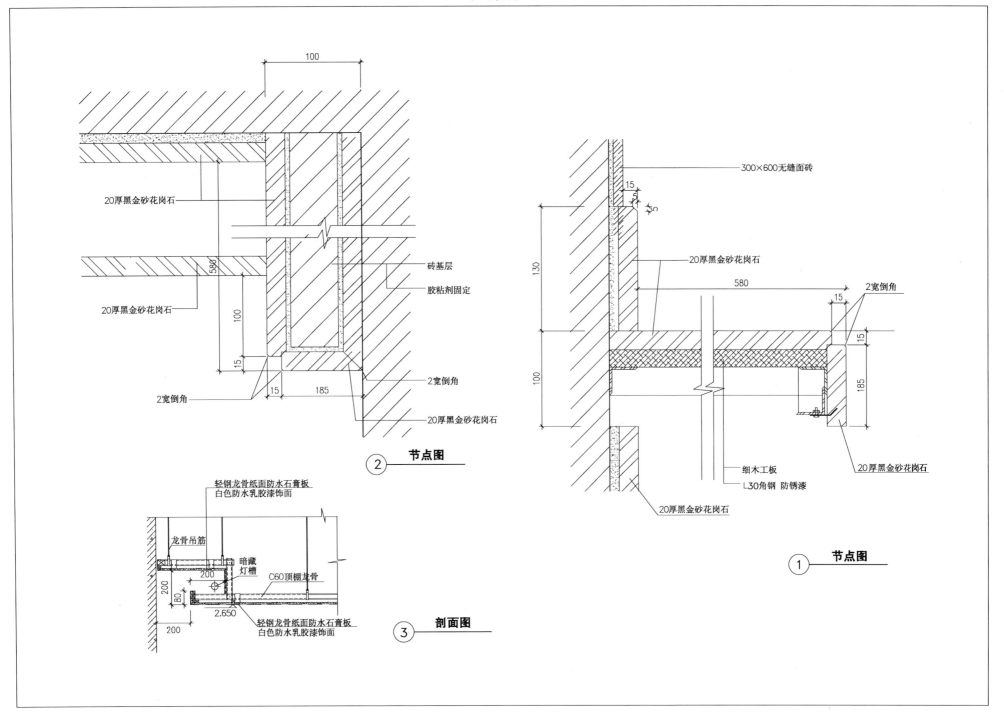

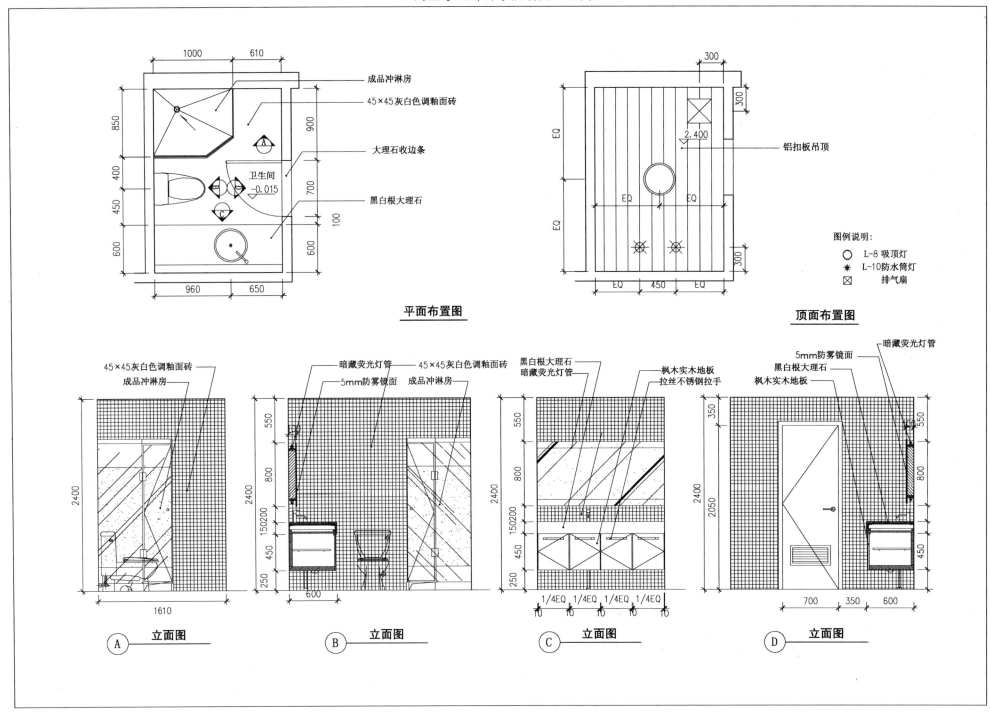

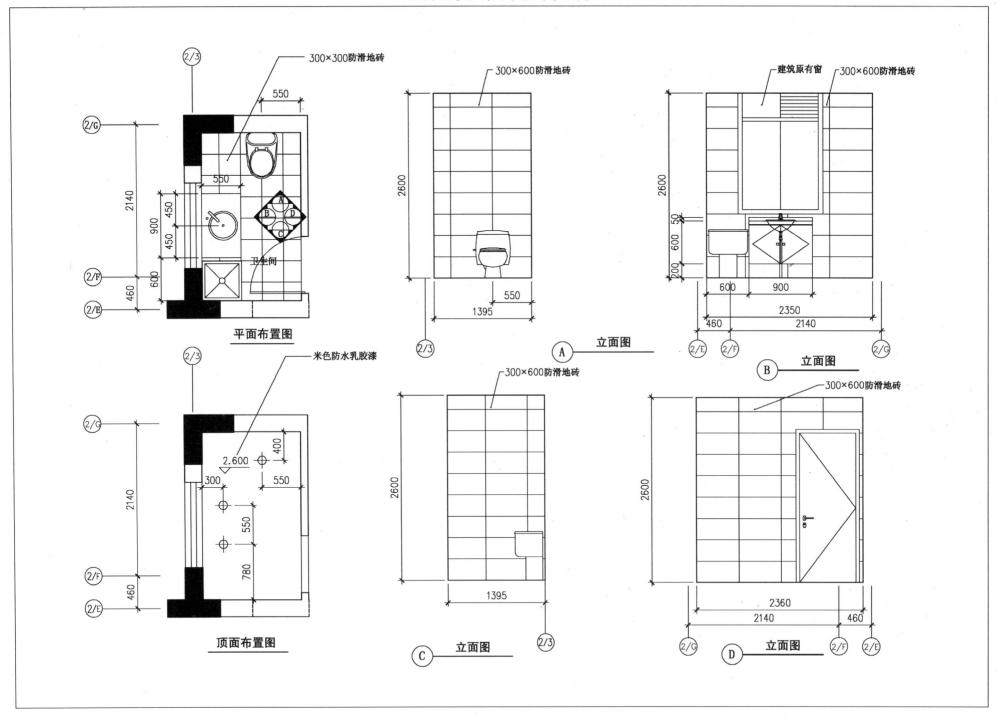

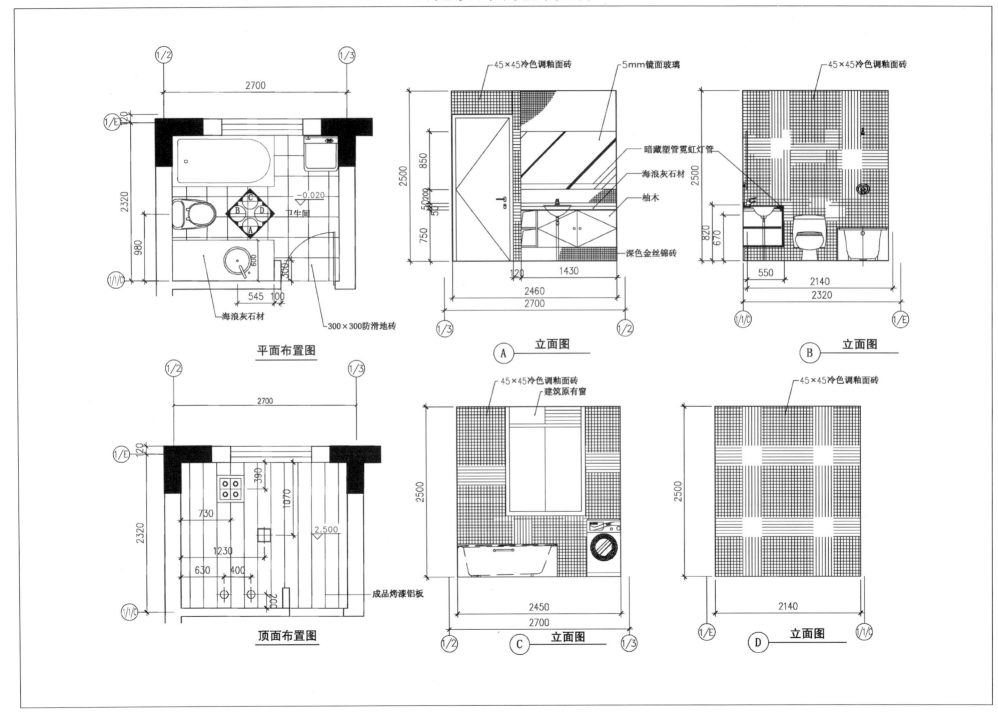

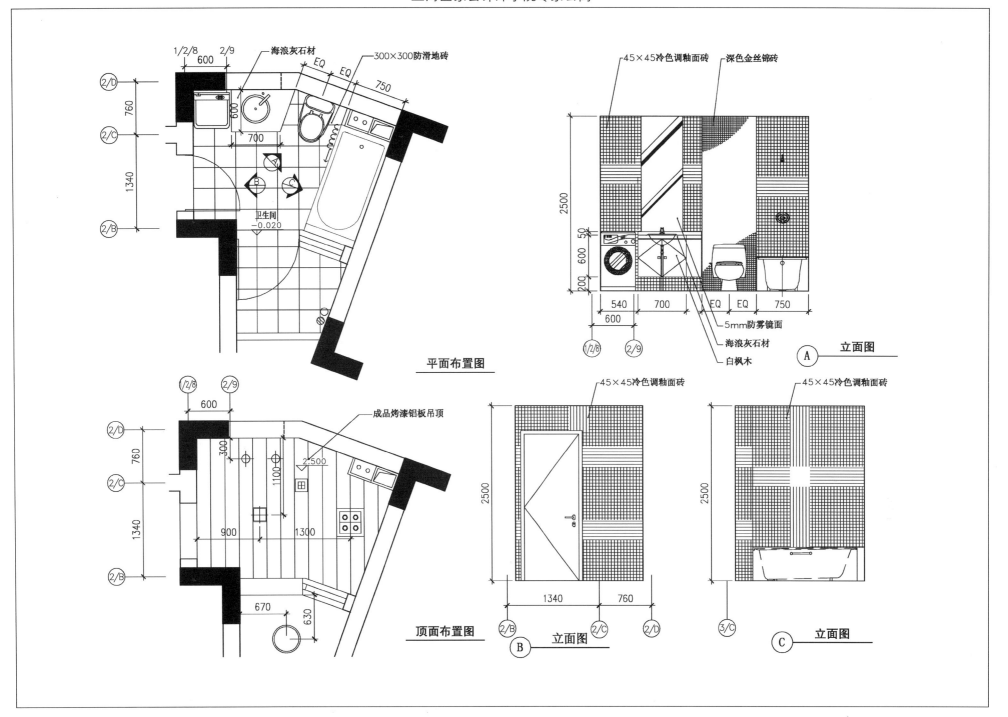

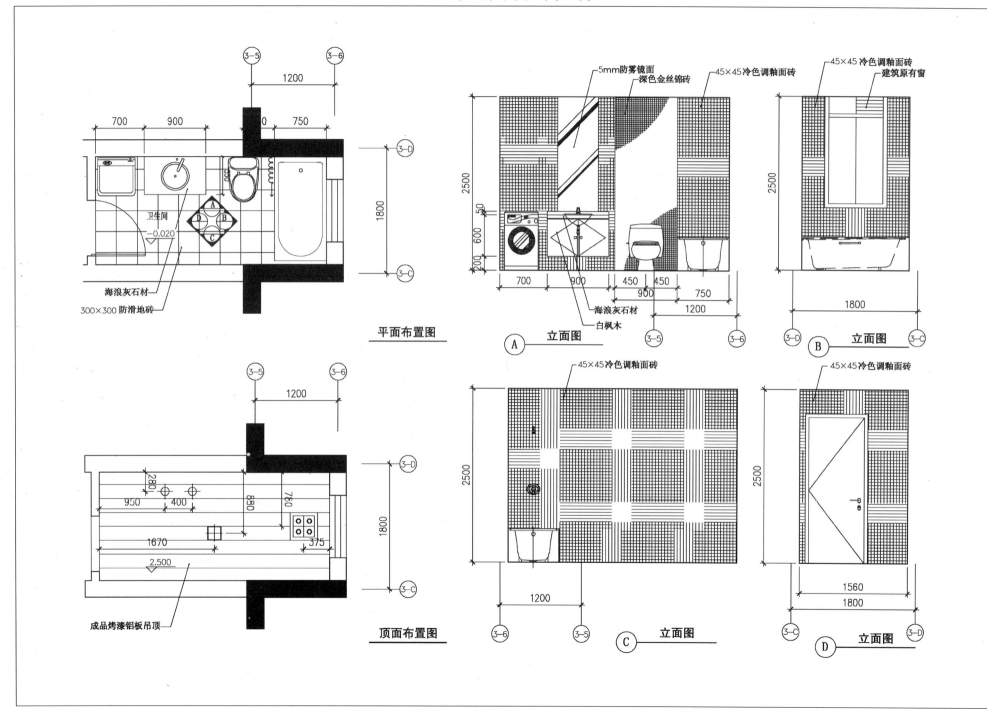

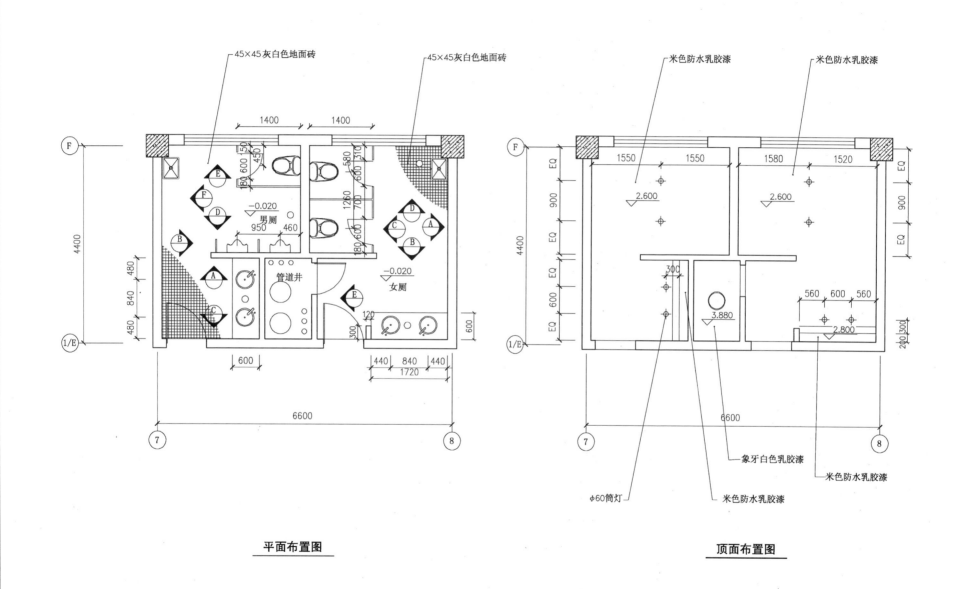

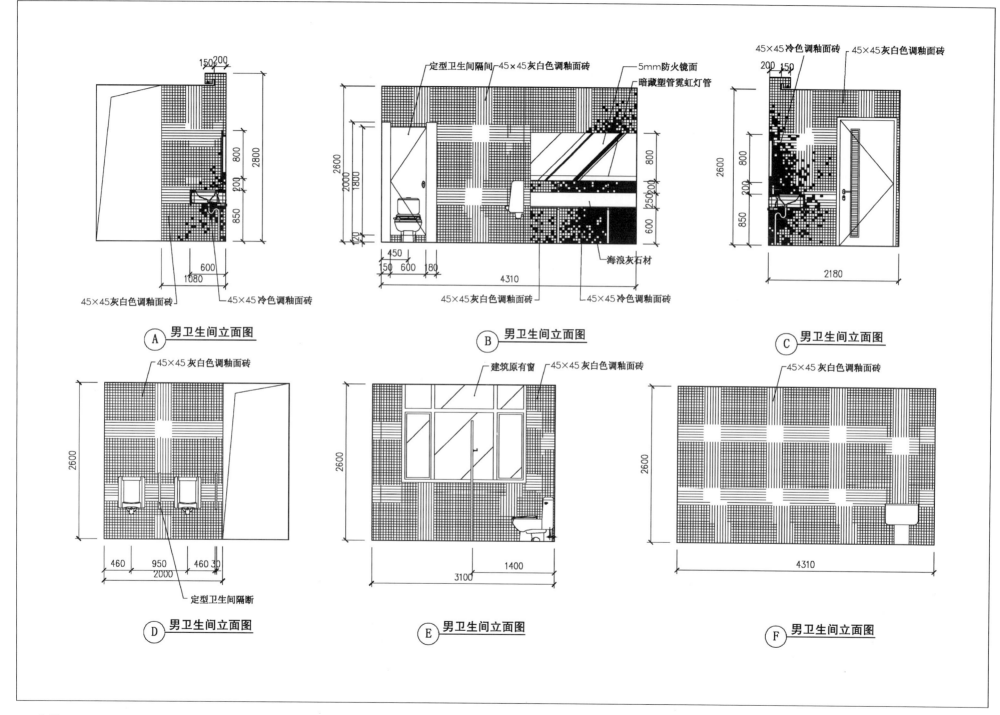

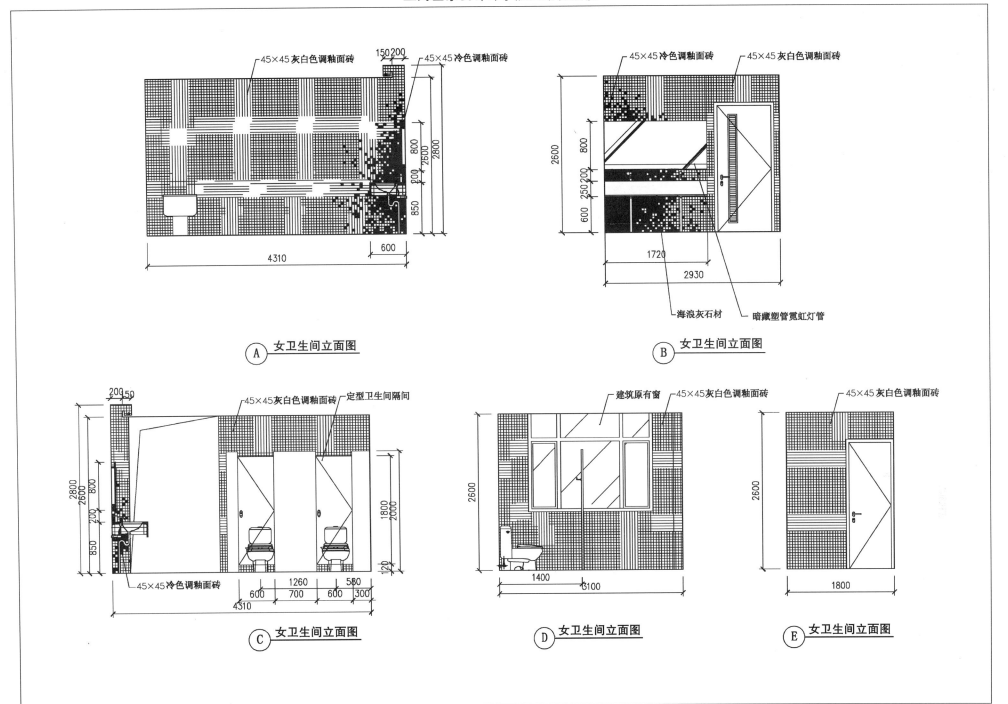

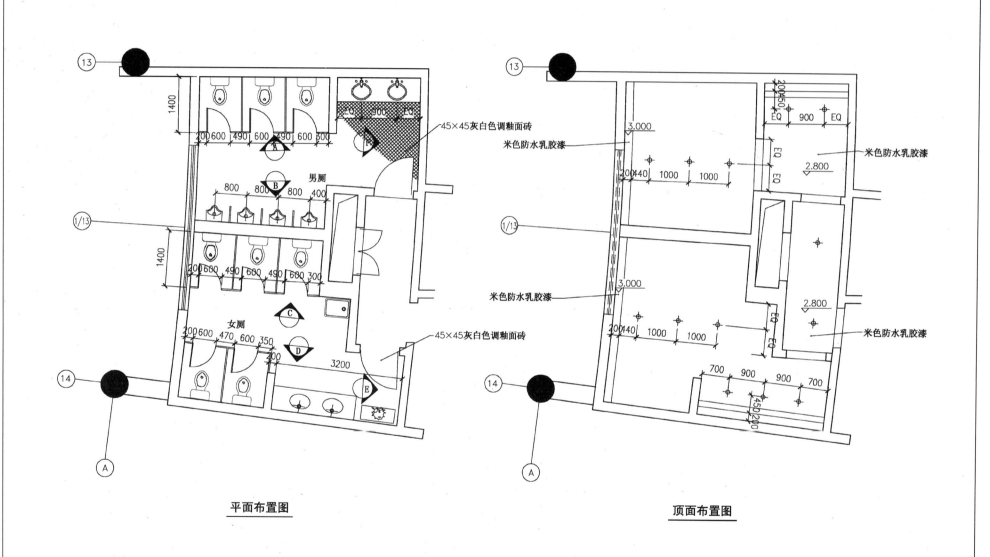

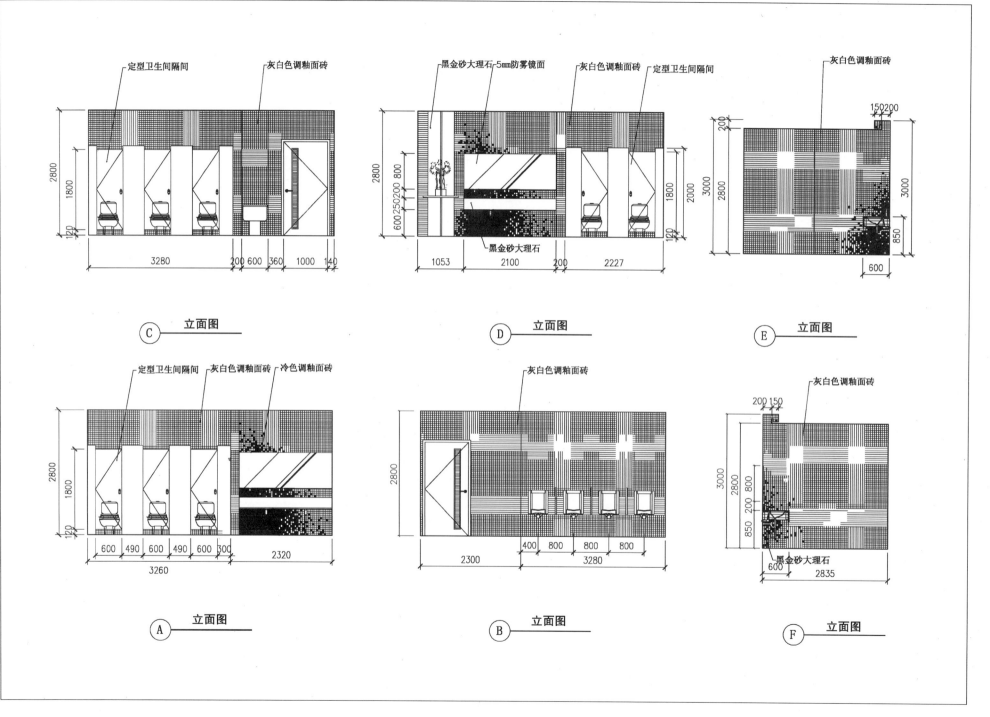

上海国家会计师学院行政楼

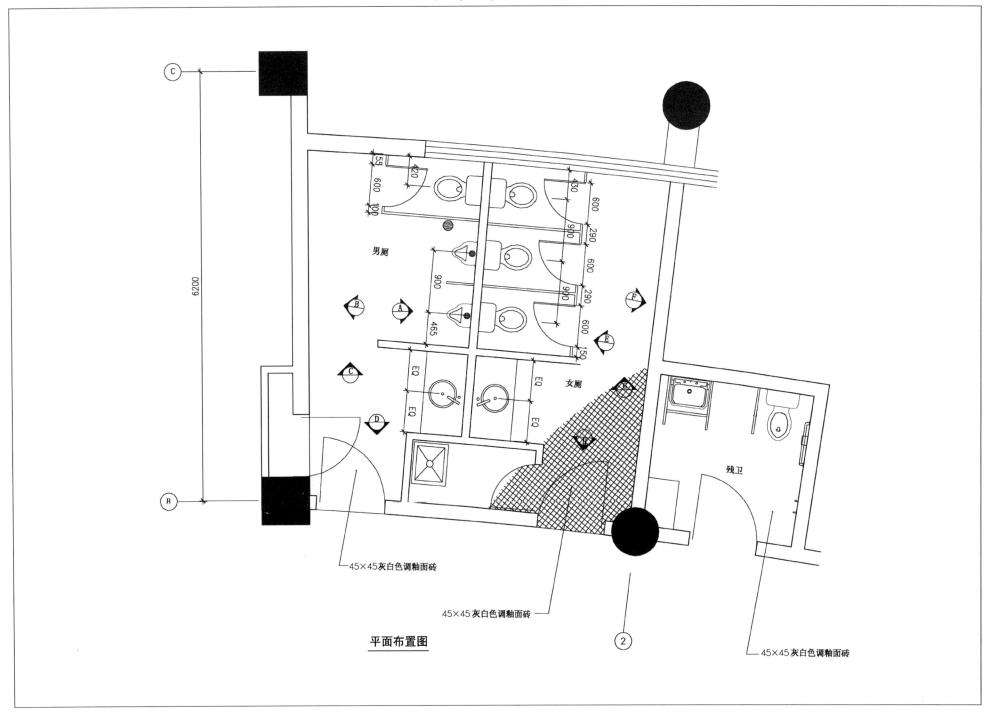

平面布置图

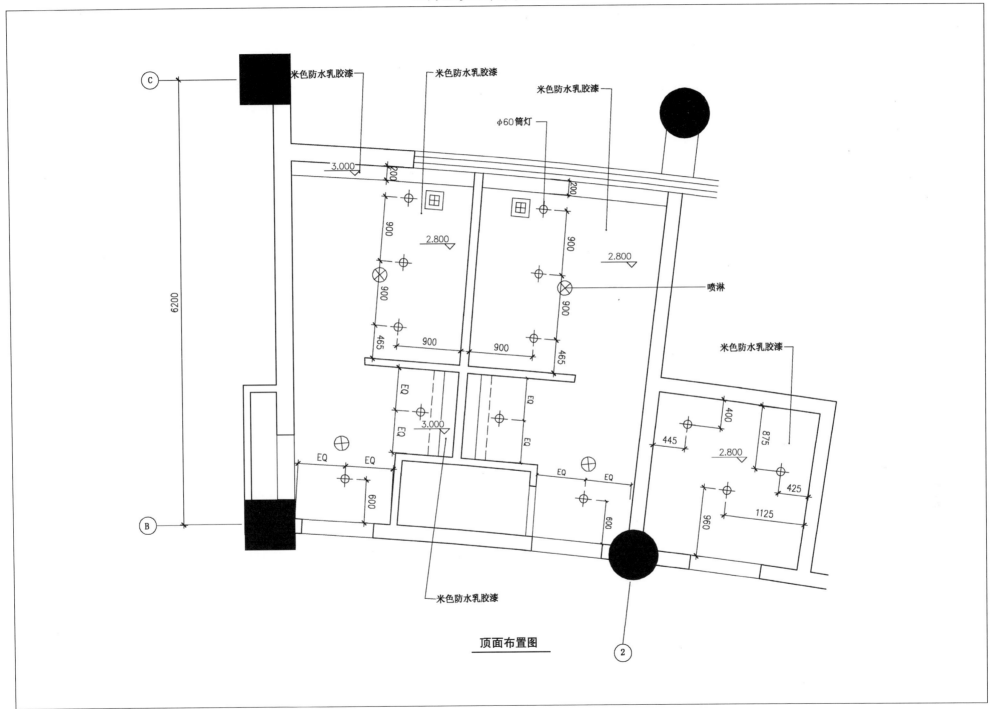

上海国家会计师学院行政楼

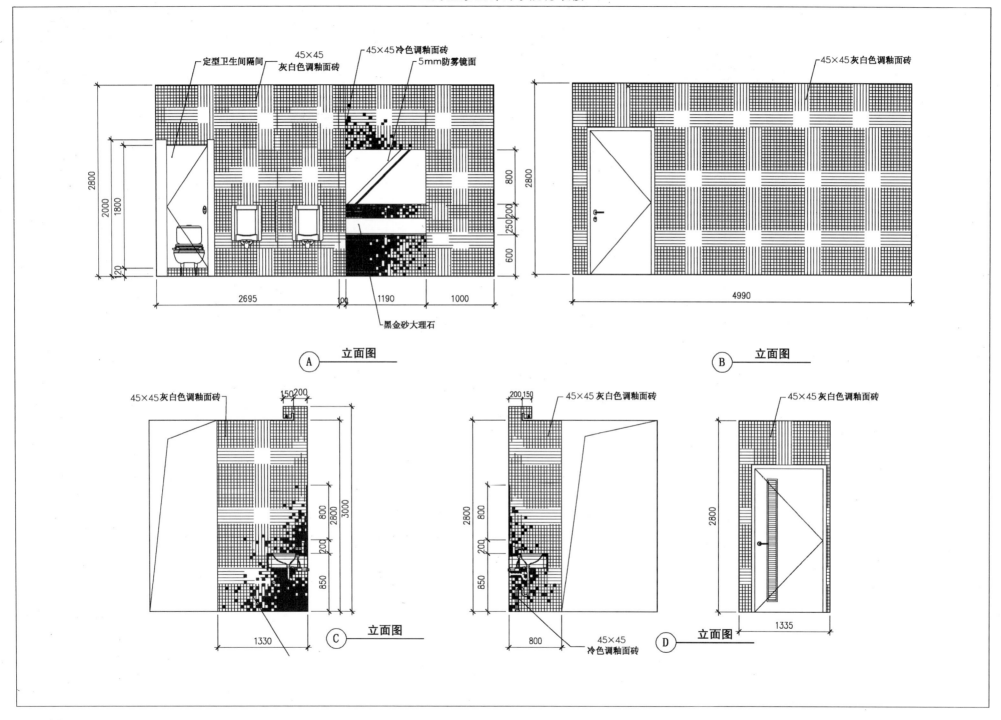

166

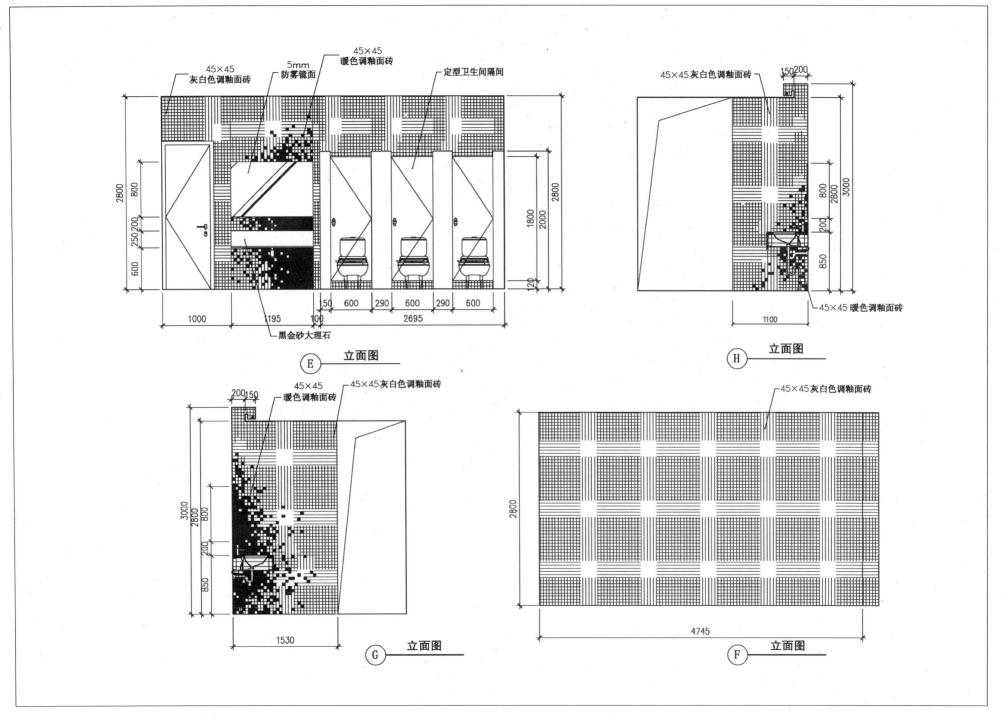

上海国家会计师学院行政楼

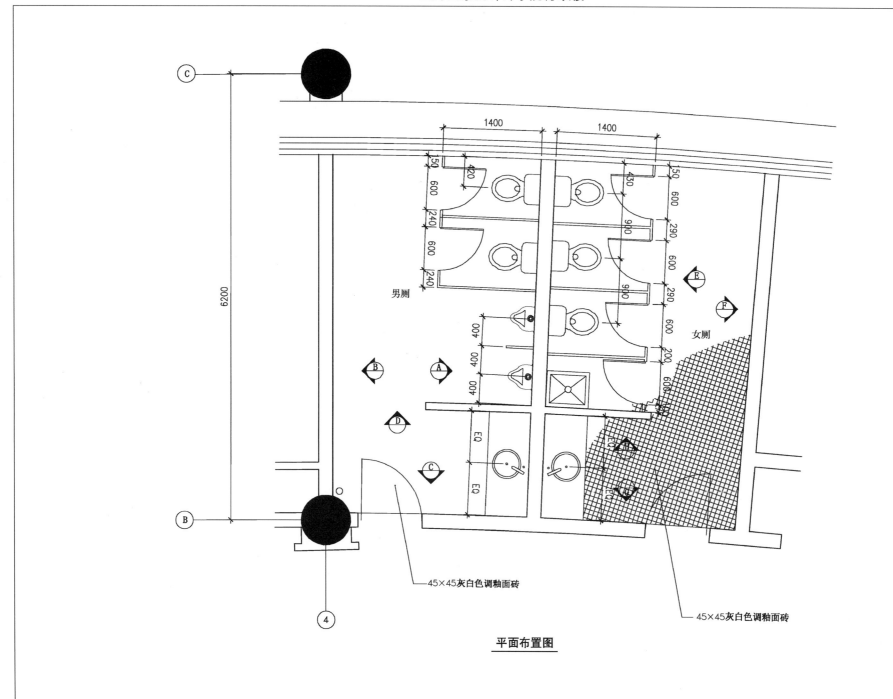

平面布置图

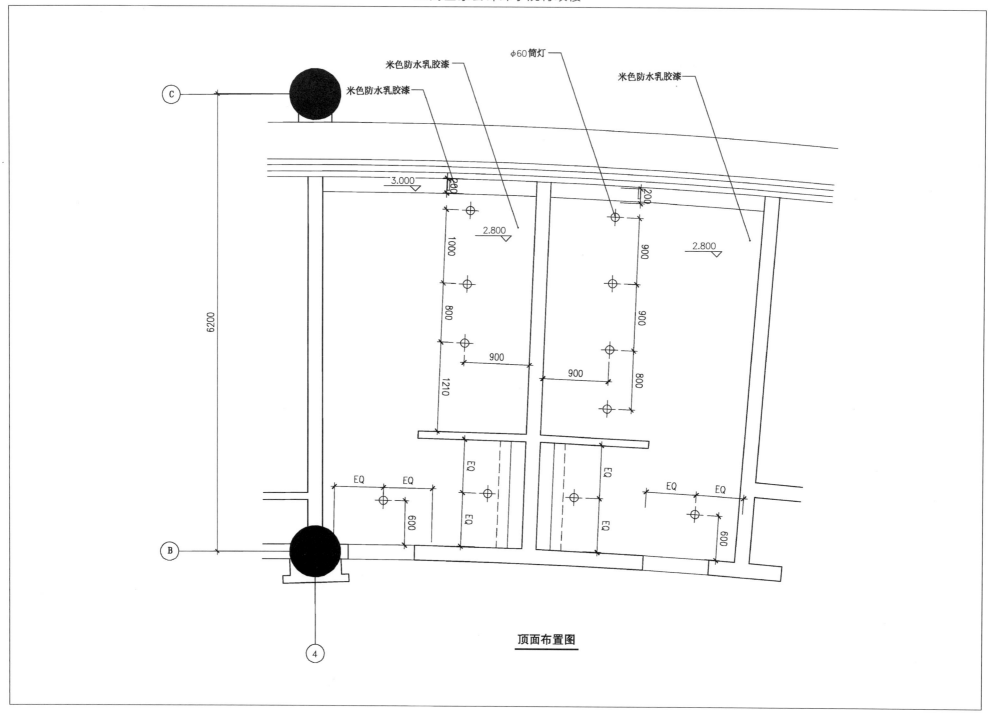

顶面布置图

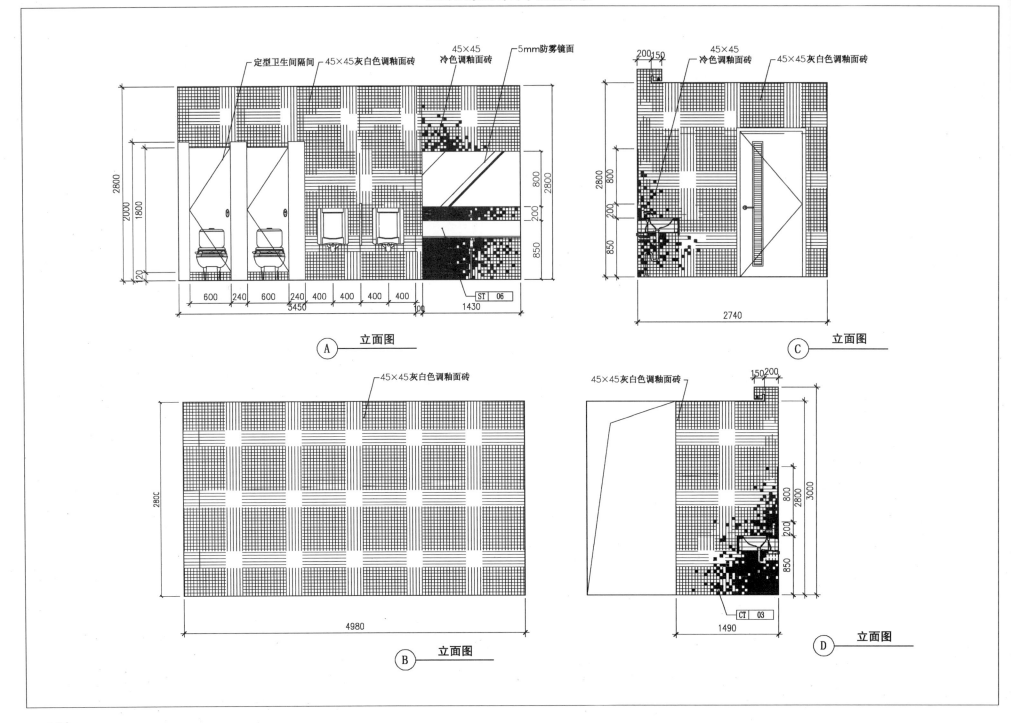

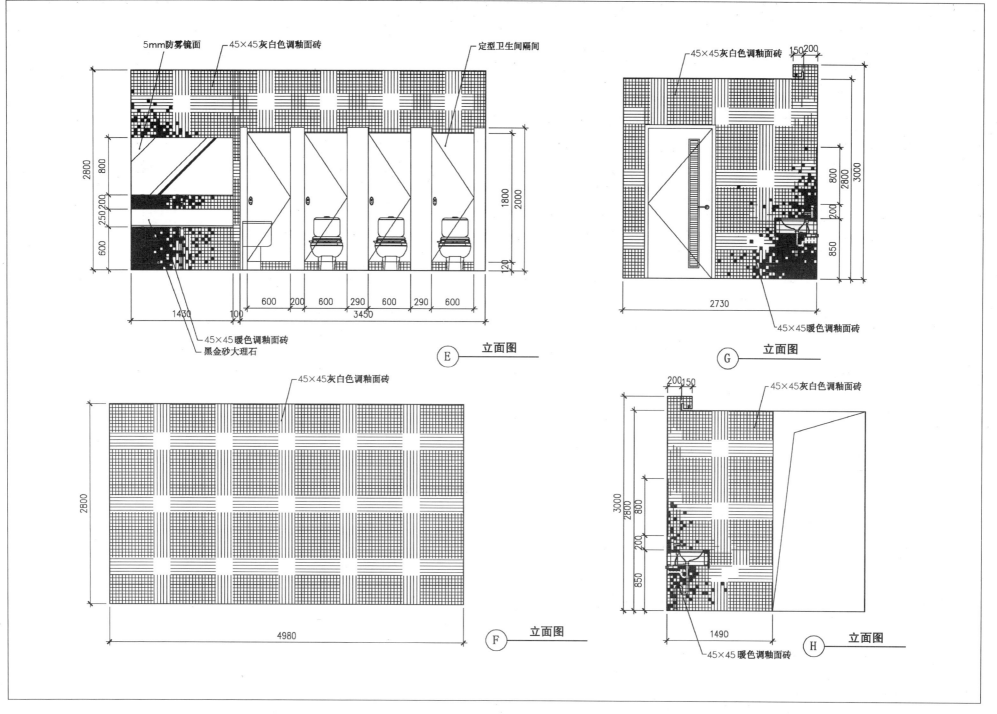

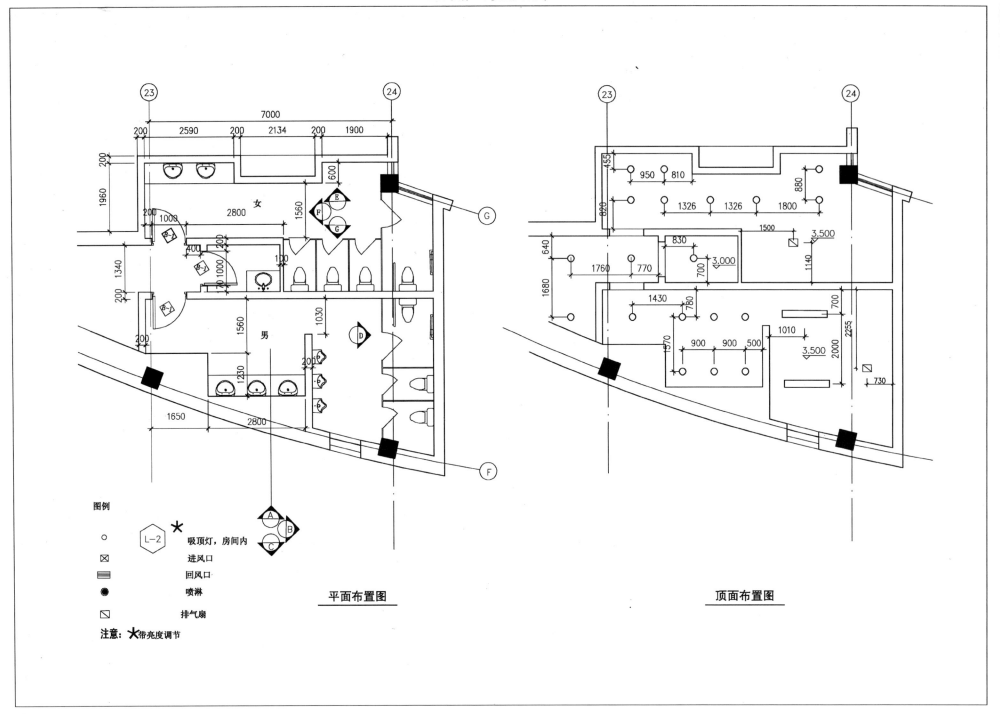

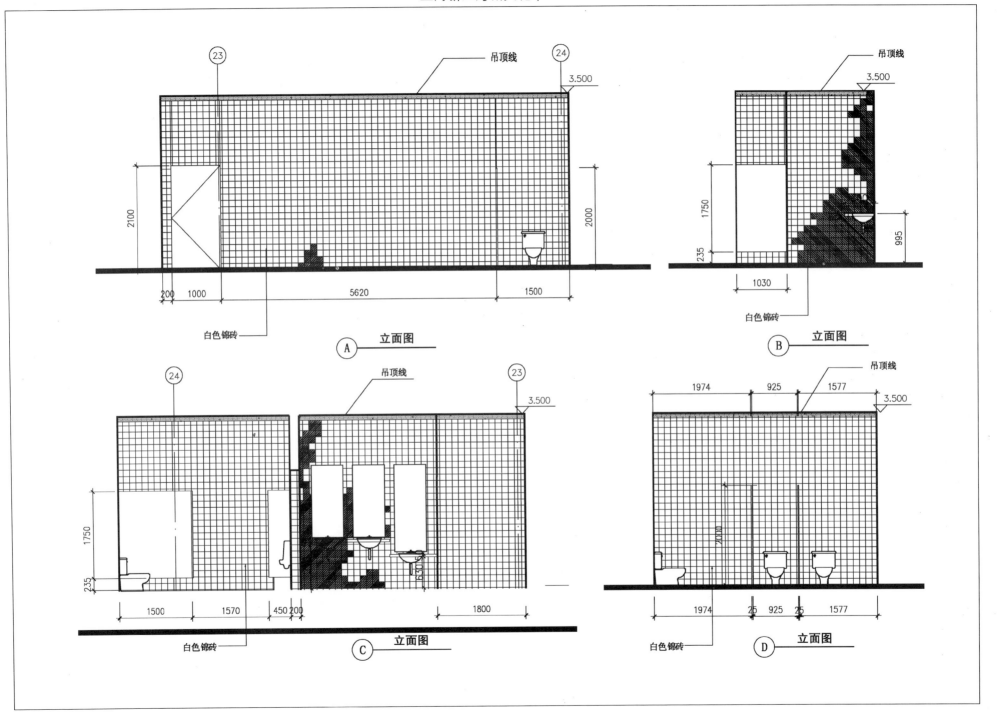

上海新江湾城文化中心

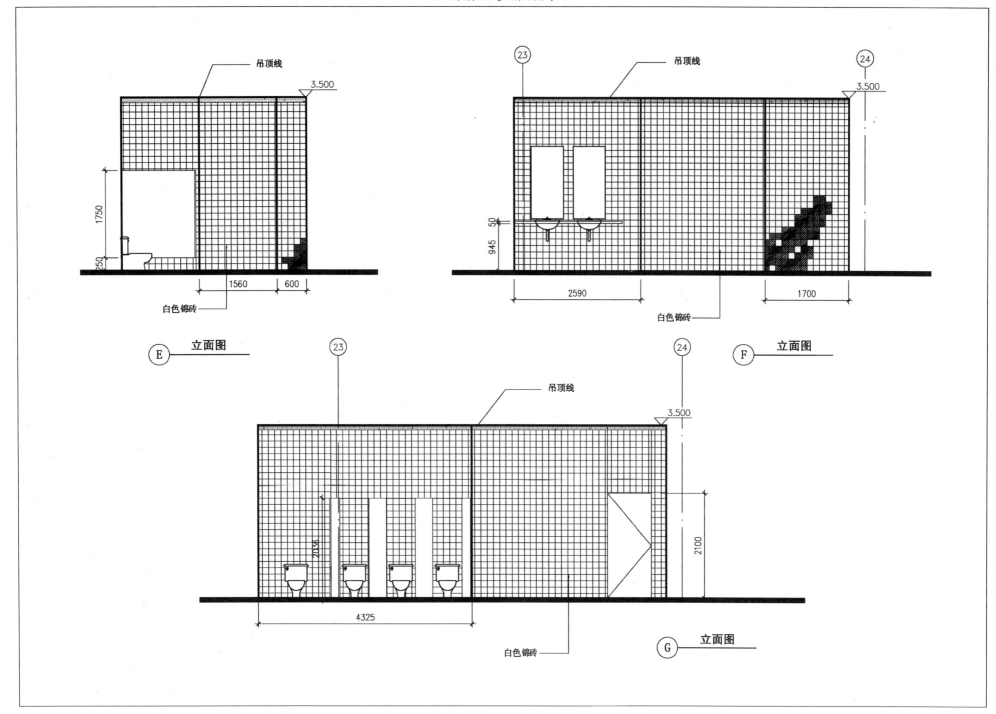

六、餐　　厅

本章关注：本书只选取了非营业性餐厅的项目，而且没有编入厨房内容，是因为营业性餐厅的设计和厨房的设计，与餐厅经营和主厨的习惯息息相关，容易误导读者。餐厅地面的用材一直是个两难的选择，易于清洁和防止溜滑是一对矛盾，因此选择时要充分了解餐厅的管理方式。玻化砖尽量减少切割，弧形尺寸的地砖多选择四十五度斜铺等方法，可以大量减少损耗和加工成本。大型餐厅的照明标准应提高，走道和间距宜稍大一些。

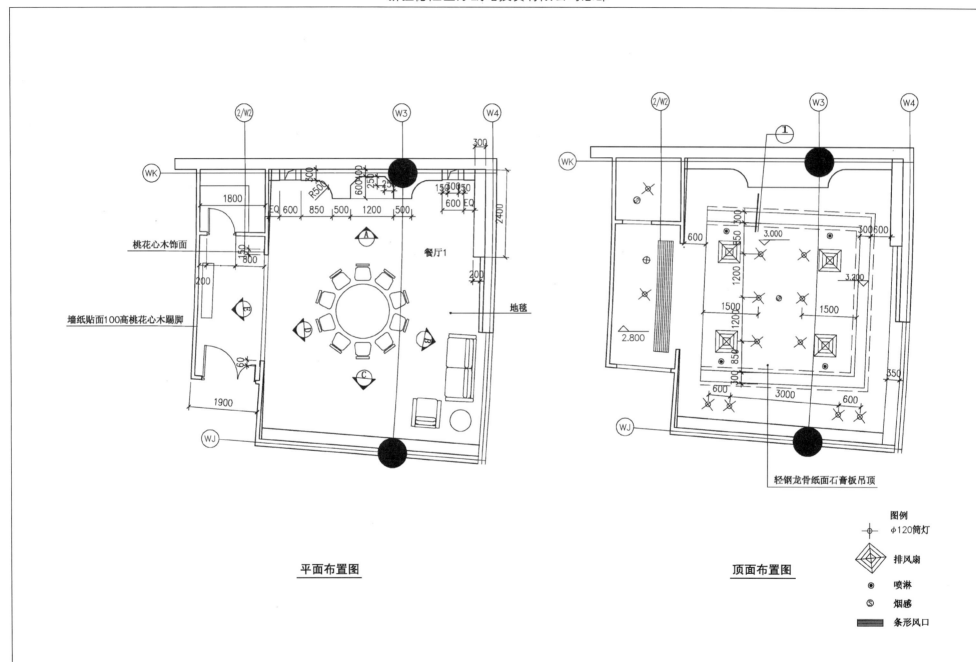

新疆德隆国际战略投资有限公司总部

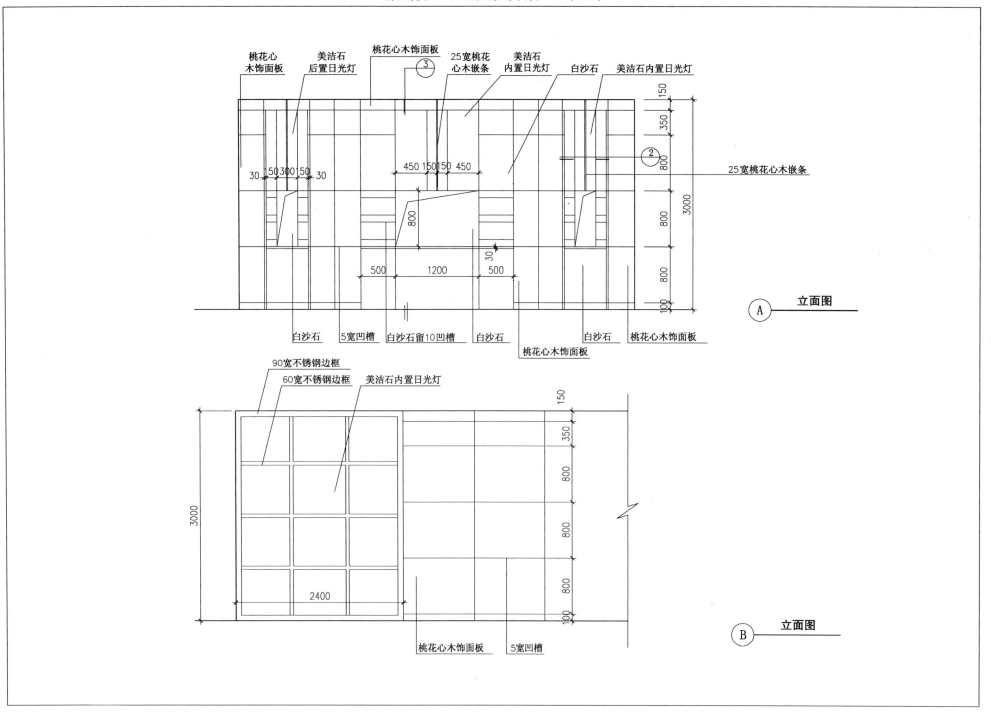

177

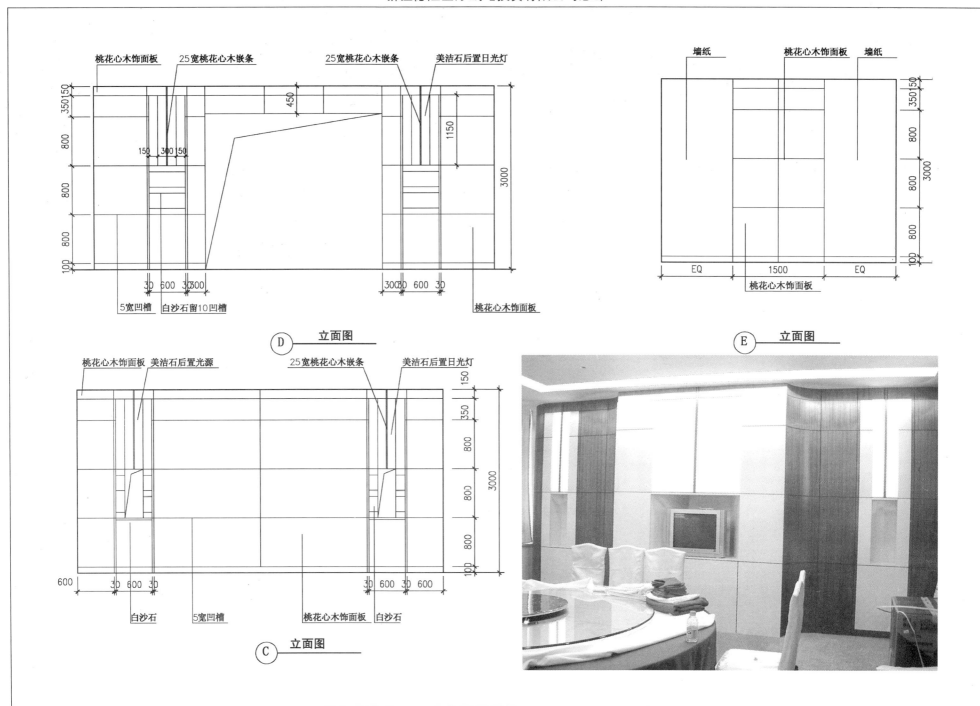

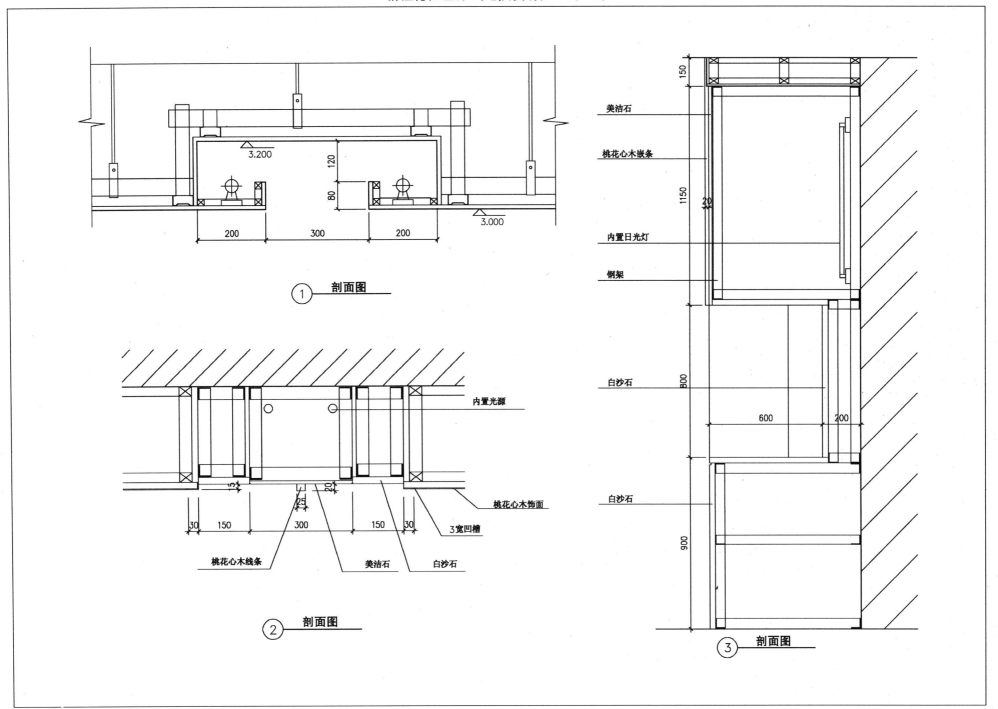

庆余宾馆

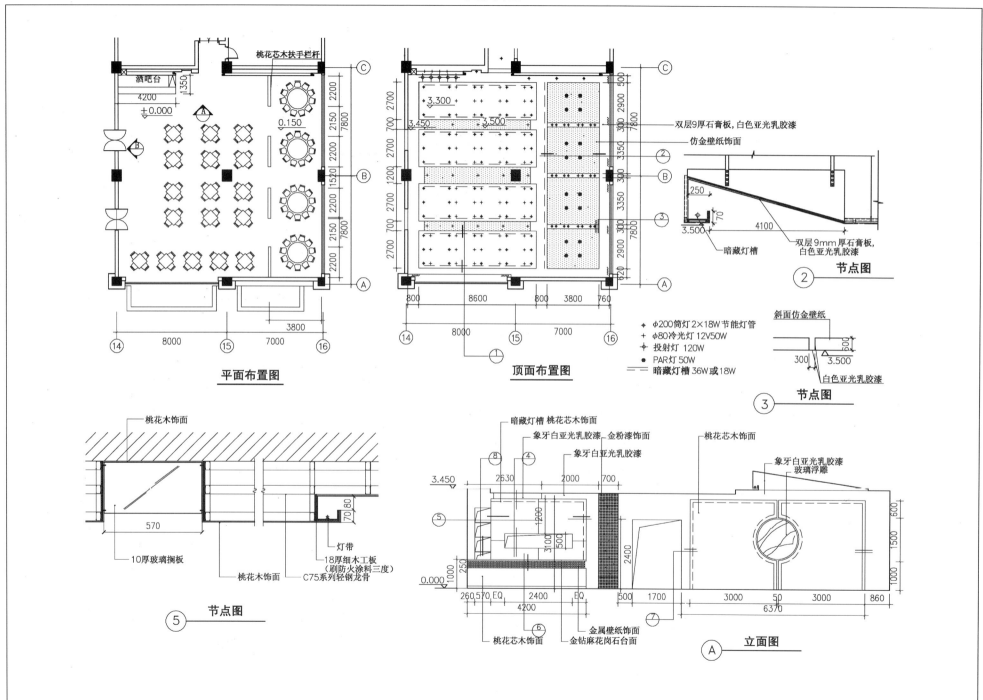

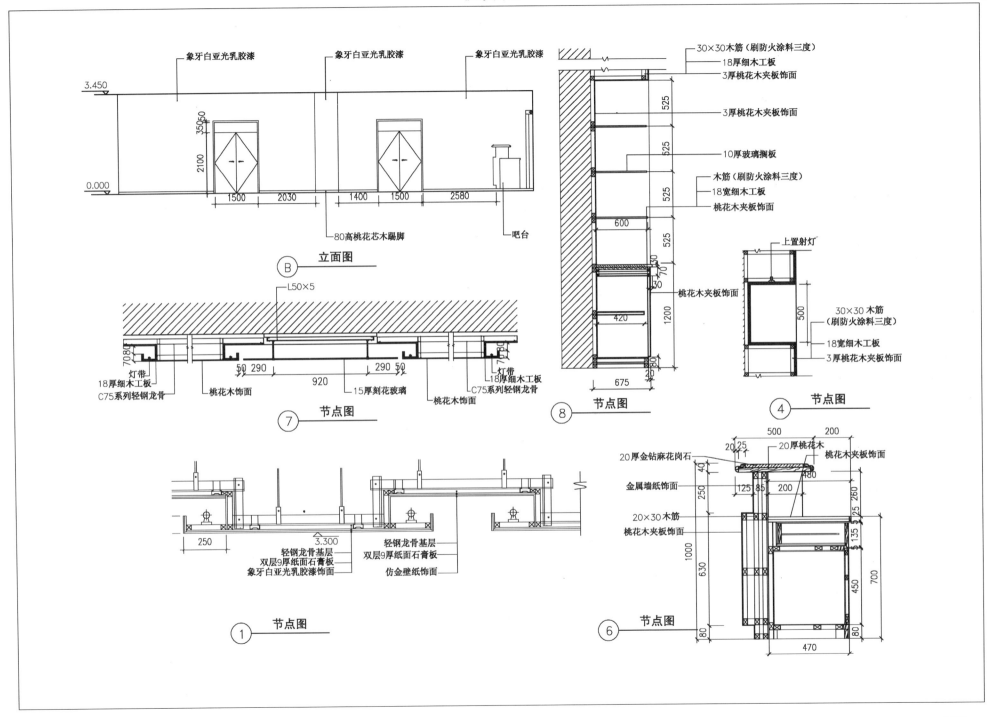

常州软件园中心楼

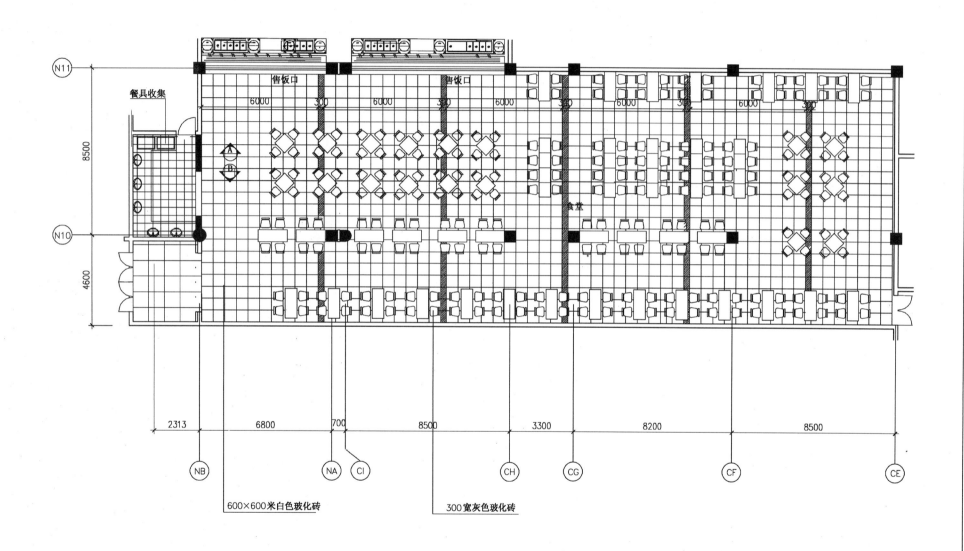

平面布置图

常州软件园中心楼

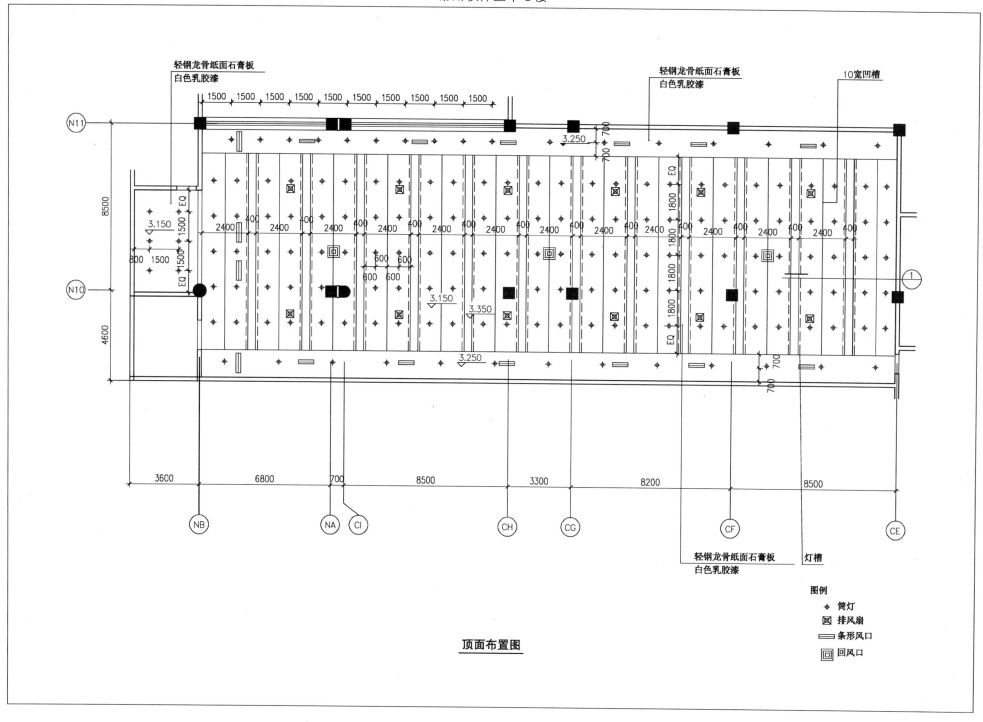

顶面布置图

常州软件园中心楼

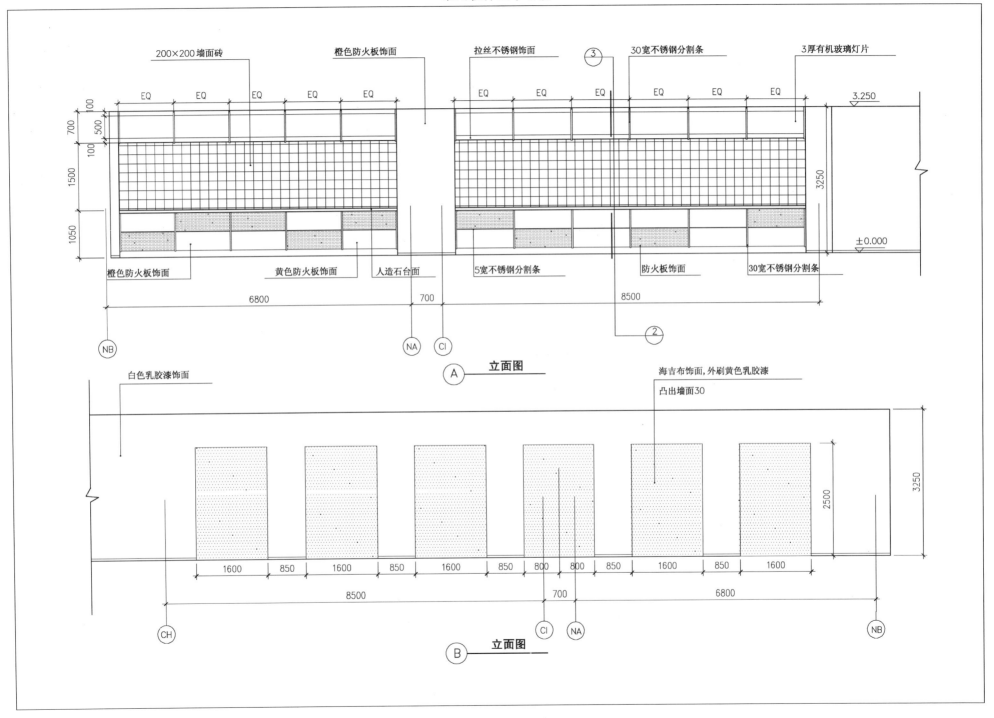

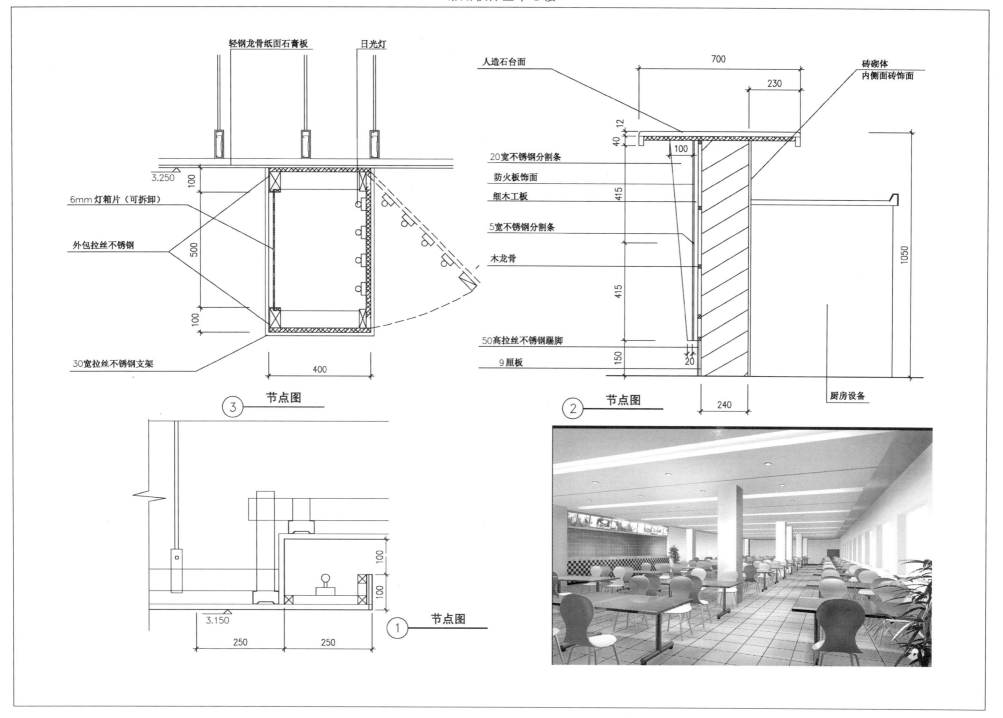

七、行政主管办公室

本章关注： 本书选取了不同性质企事业单位的项目，是为了说明行政主管的办公室，是随着办公建筑物的风格和条件以及工作性质，来决定其装饰的档次和办公条件设置的。它的使用者会经常更换衣物，在重大活动前需要适当休息，因此设置一些生活设施是必要的，同时有条件的话，对电气设备、空调设备、窗帘等物品的控制要集中，最好离办公桌近一些。

上海国家会计师学院教学会议中心

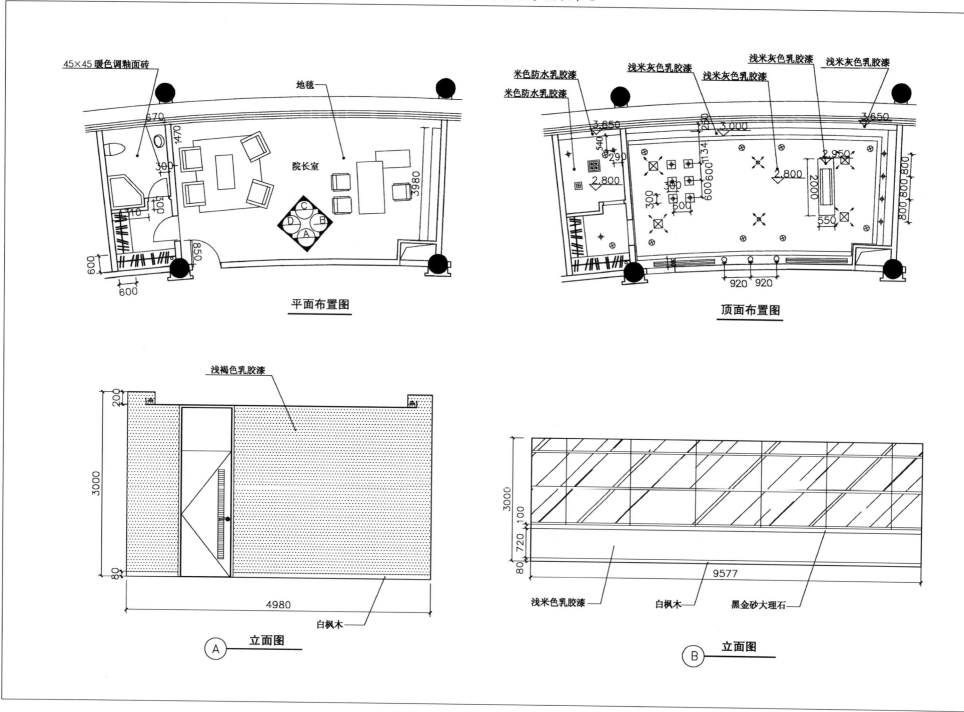

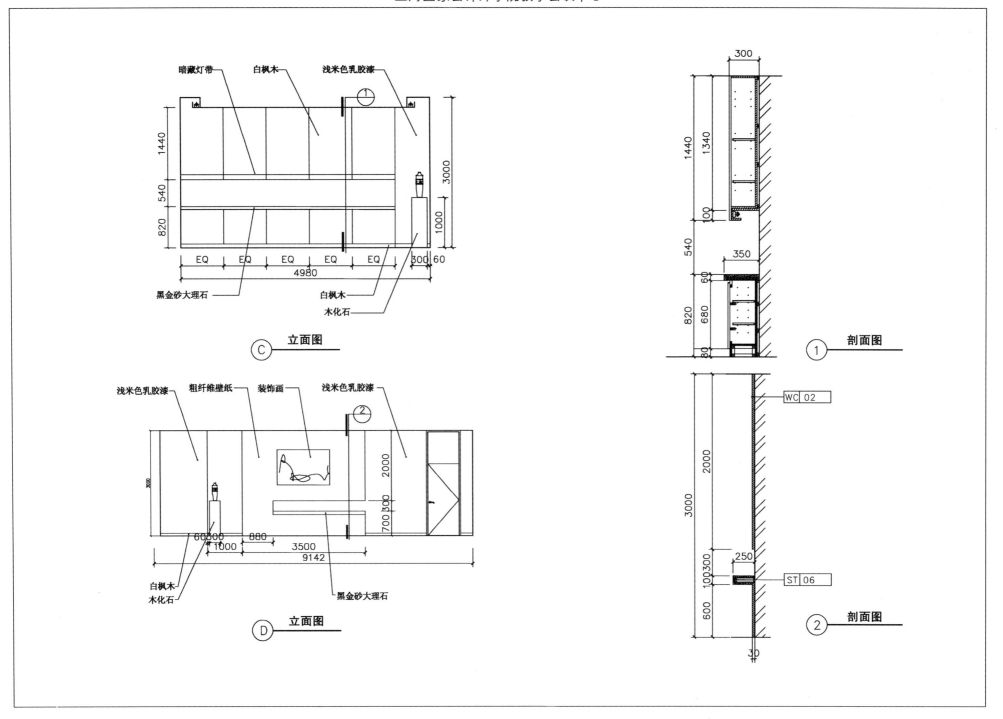

上海徐汇区财政局

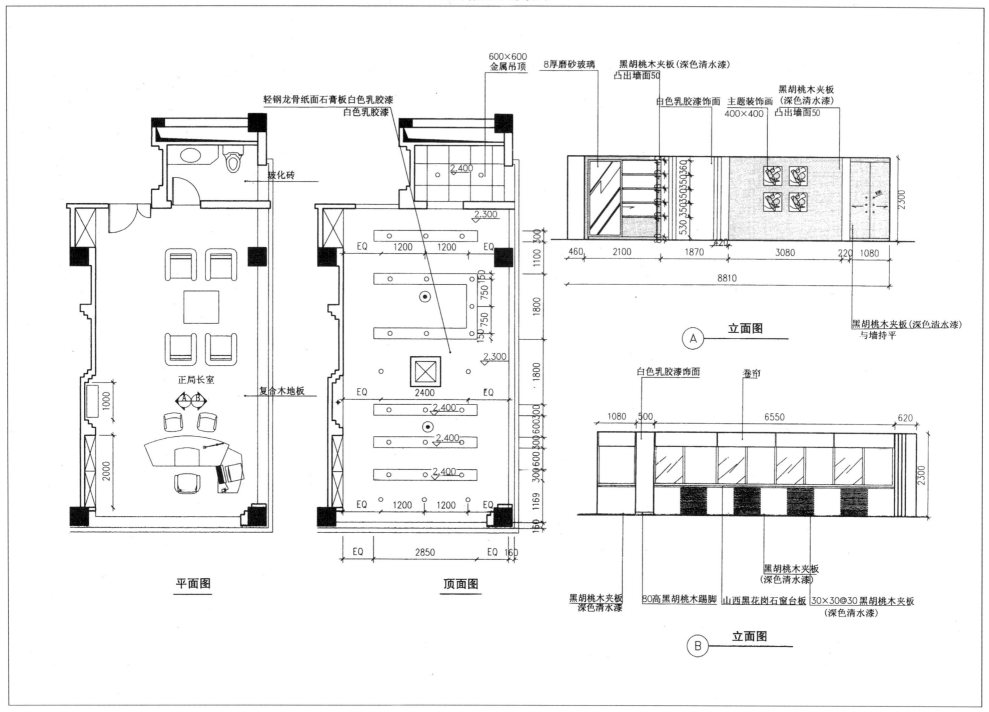

金茂大厦

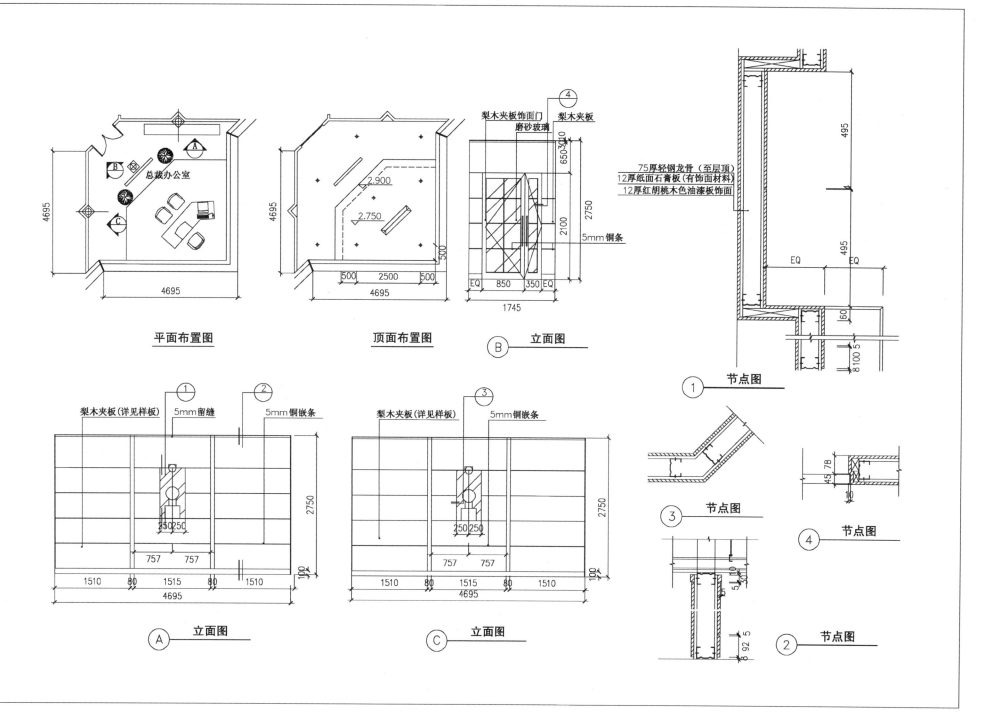

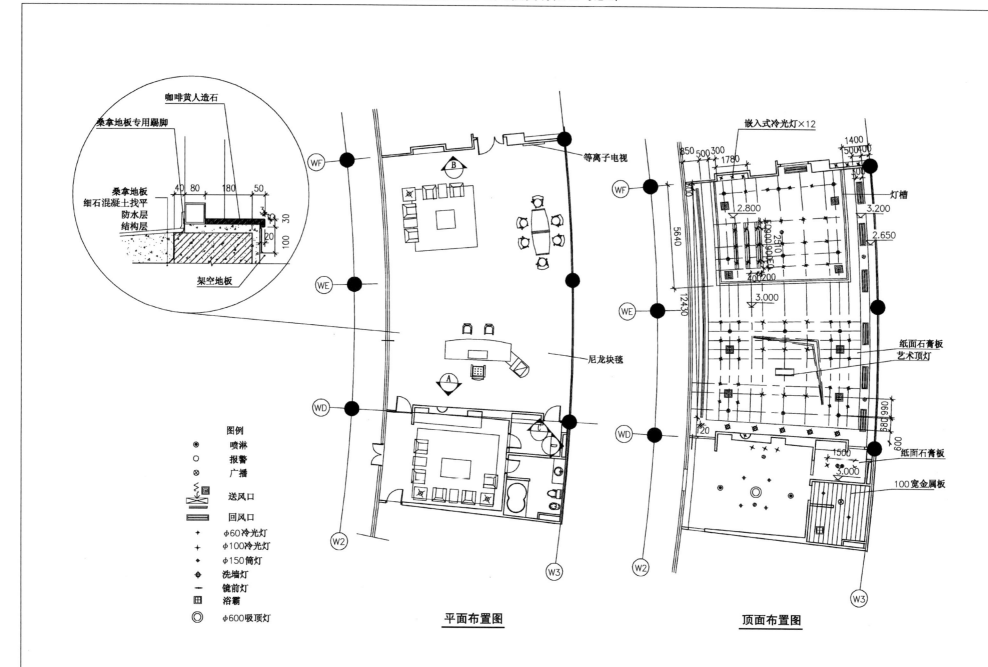

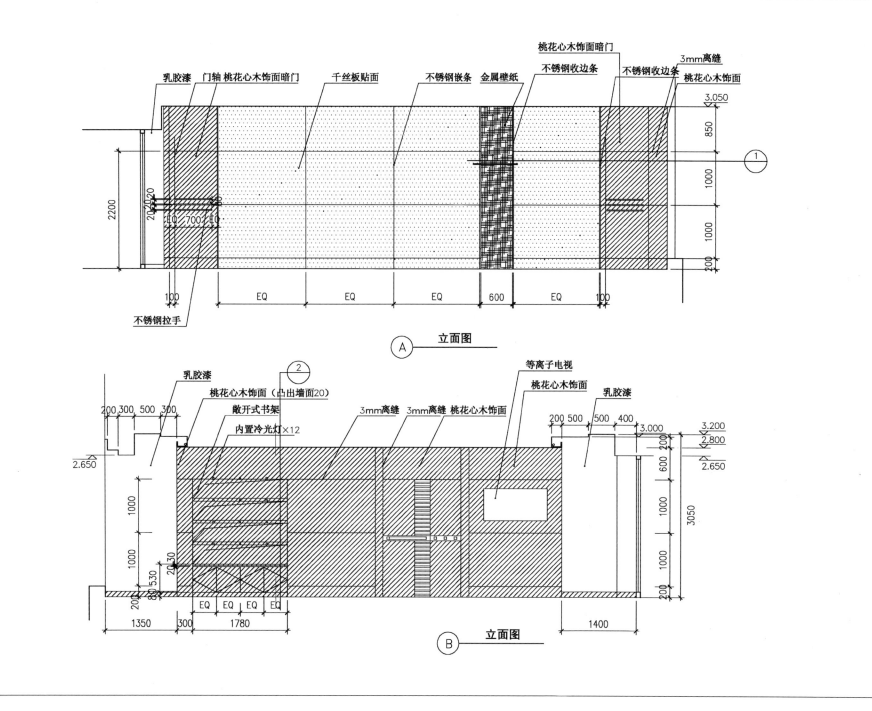

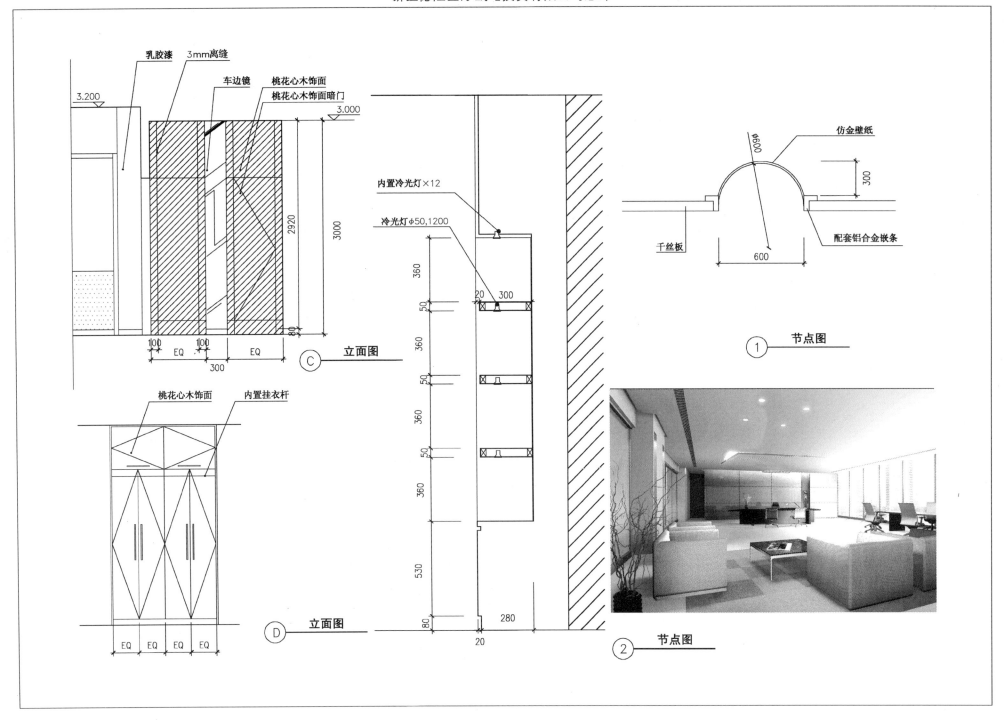

八、其他案例

本章关注：本章选取了主题餐厅、小型Office、咖啡厅、售楼处各一个案例，展现其中主要使用功能空间的装饰设计。投资方的经营思想和展示的主题已经融合在装饰设计理念之中，因此，在设计规范、消防安全、人流引导及辅材选用等环节上，考虑的要点与前面章节类型相仿，这几个案例只体现其特性。本章具有参考价值之处，是在设计时如何掌握合理的平面布局和尺度，疏密相间，充分利用好每一个平方的使用价值。

上海梅龙镇广场7F翡翠酒家

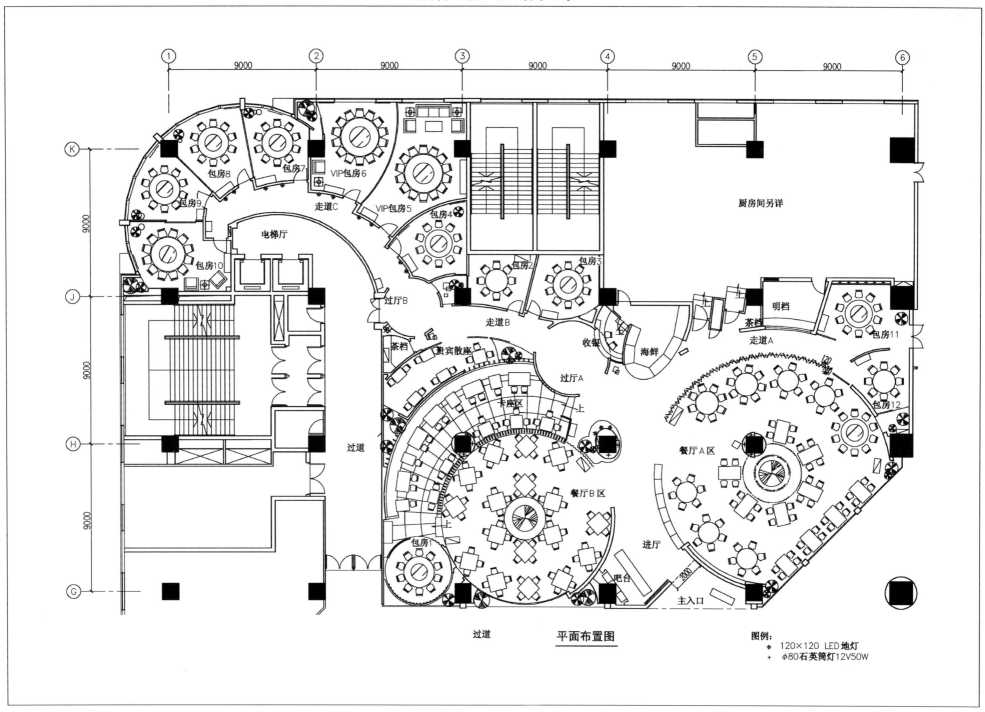

平面布置图

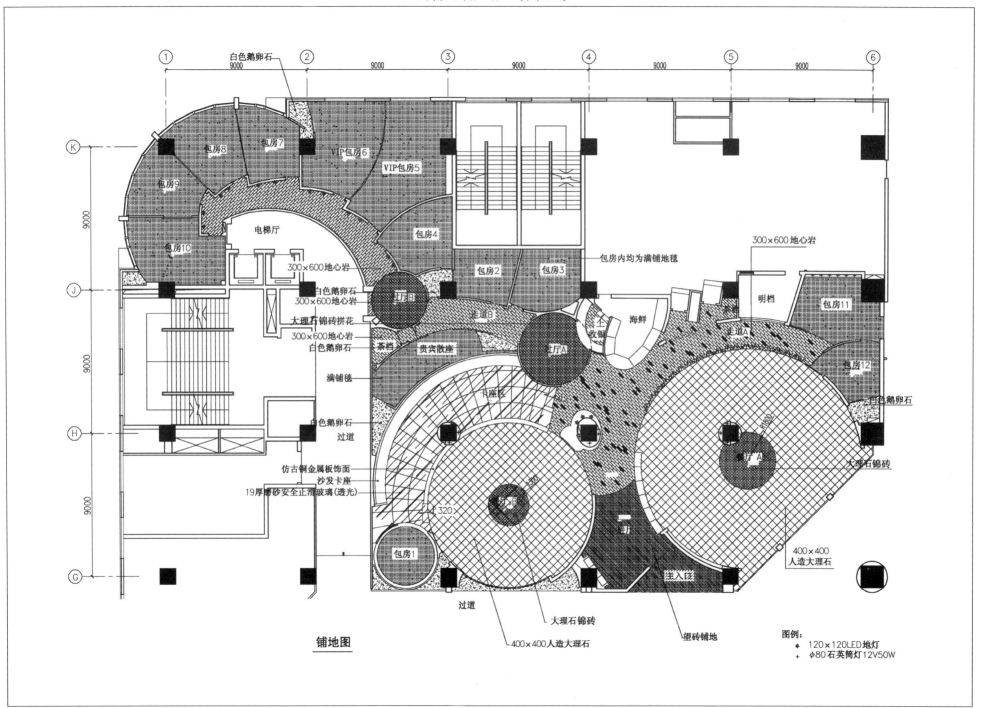

上海梅龙镇广场7F翡翠酒家

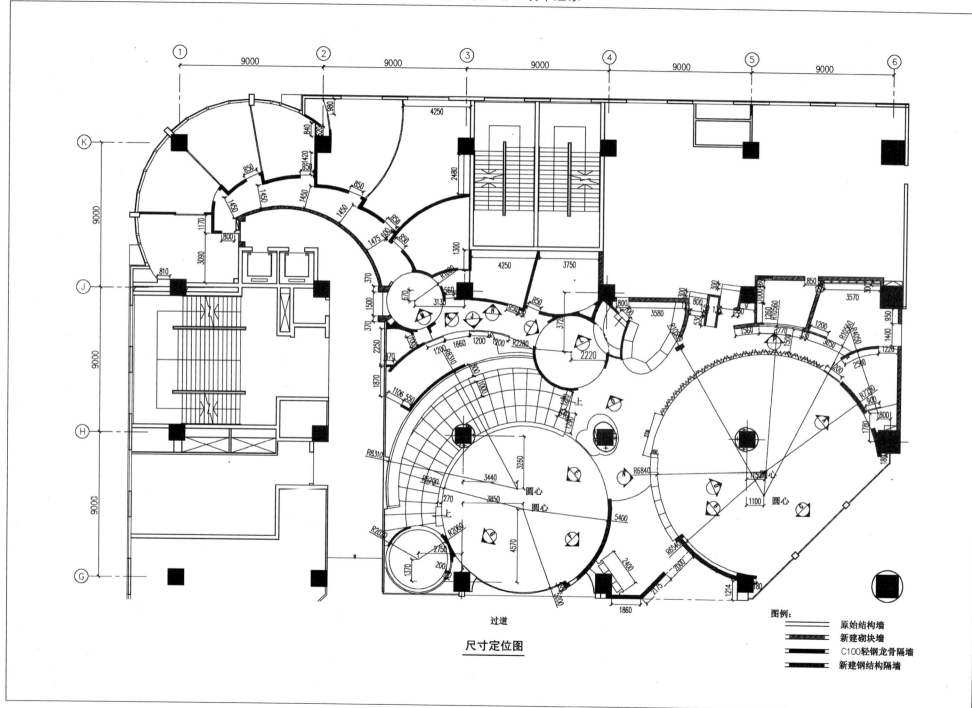

尺寸定位图

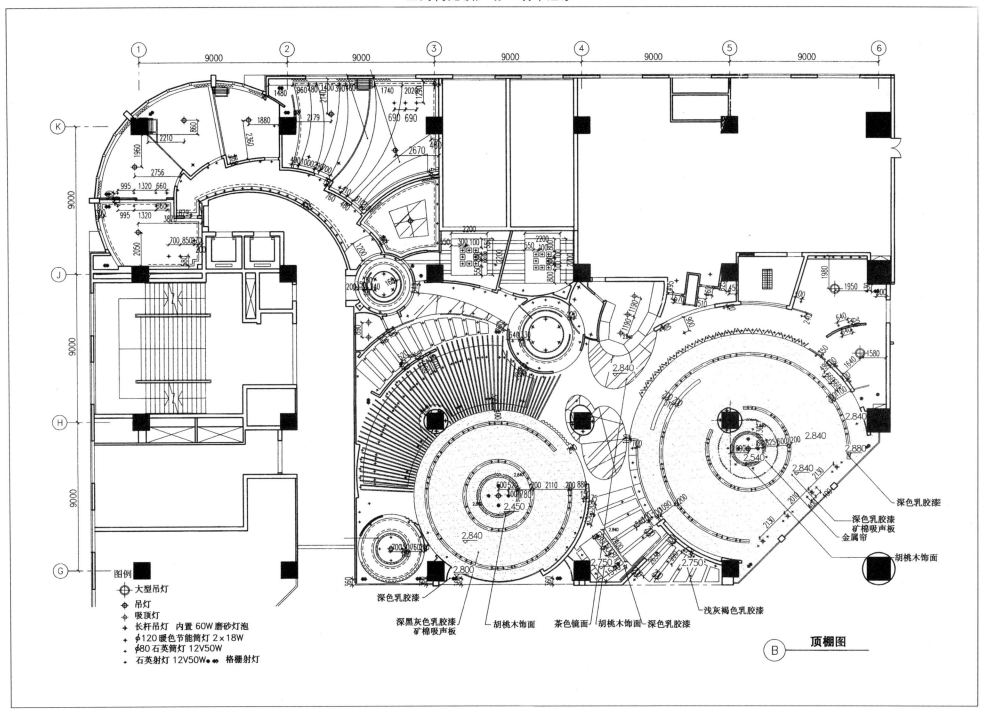

上海梅龙镇广场7F翡翠酒家

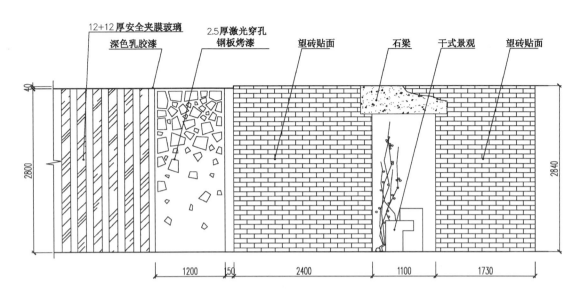

餐厅A区立面图 A

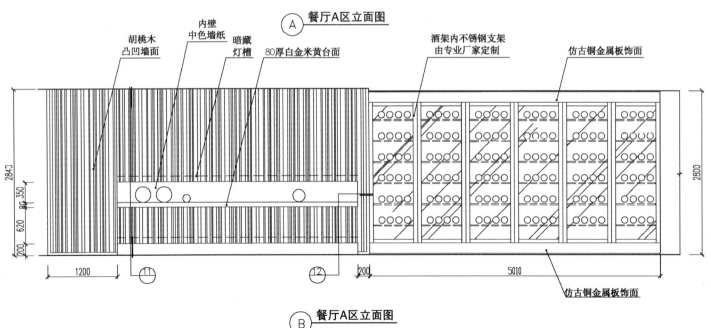

餐厅A区立面图 B

上海梅龙镇广场7F翡翠酒家

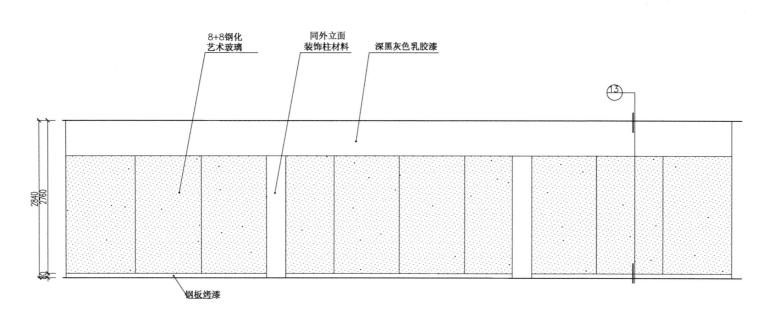

C 餐厅A区立面图

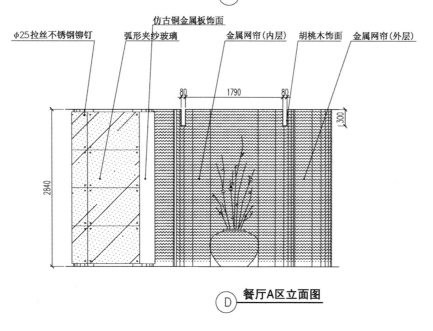

D 餐厅A区立面图

201

上海梅龙镇广场7F翡翠酒家

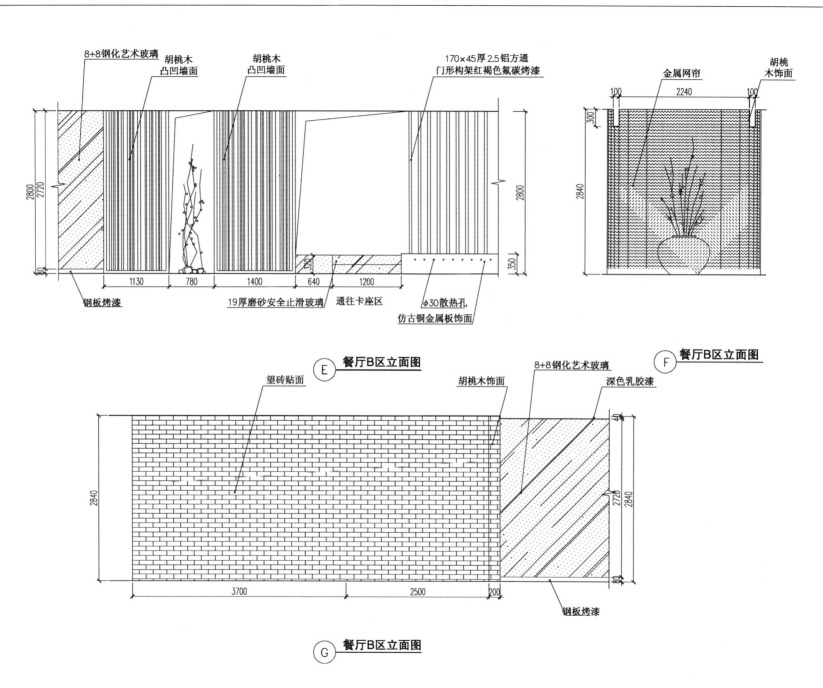

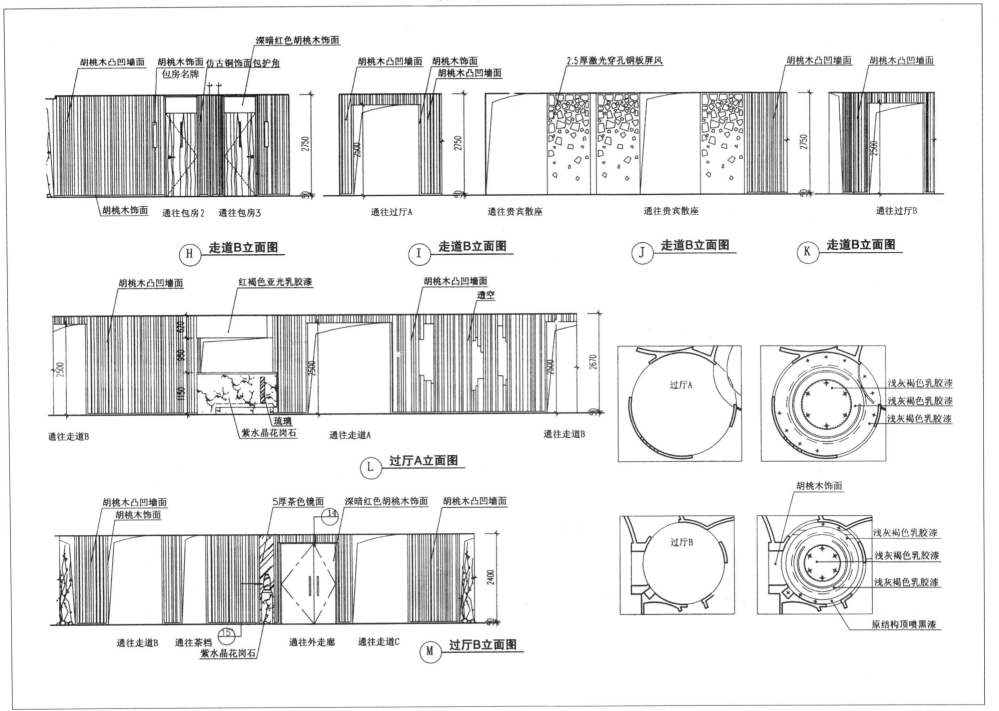

上海梅龙镇广场7F翡翠酒家

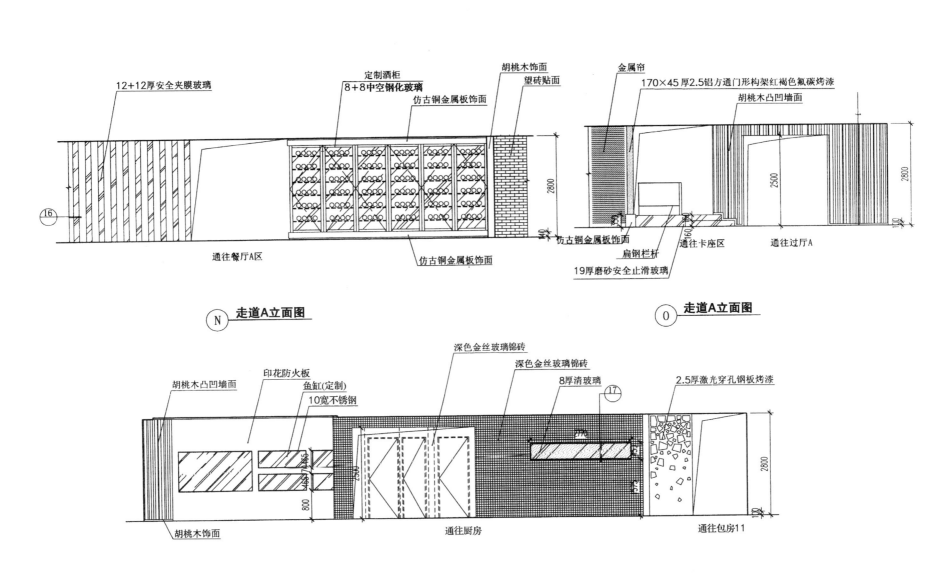

上海梅龙镇广场7F翡翠酒家

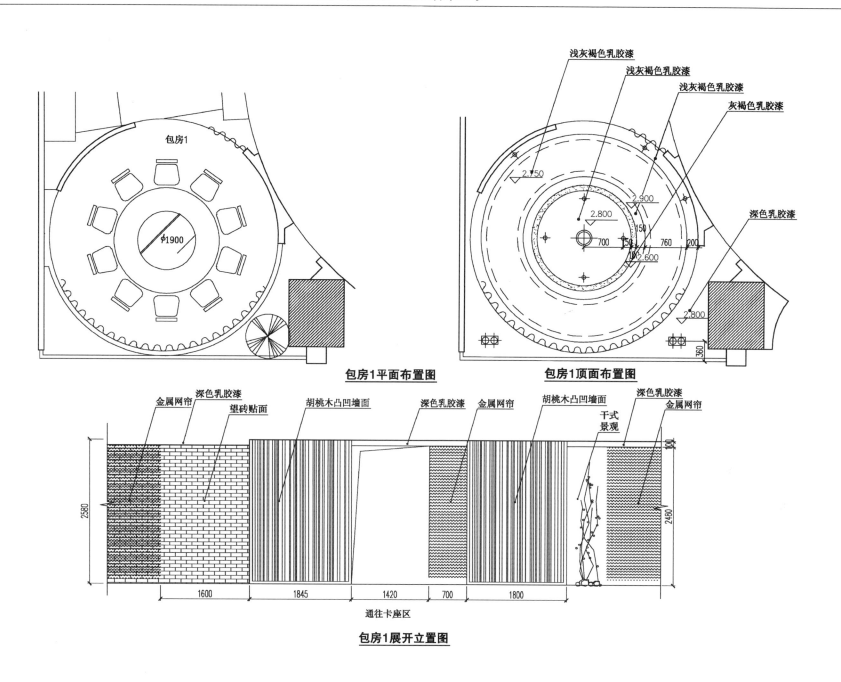

上海梅龙镇广场7F翡翠酒家

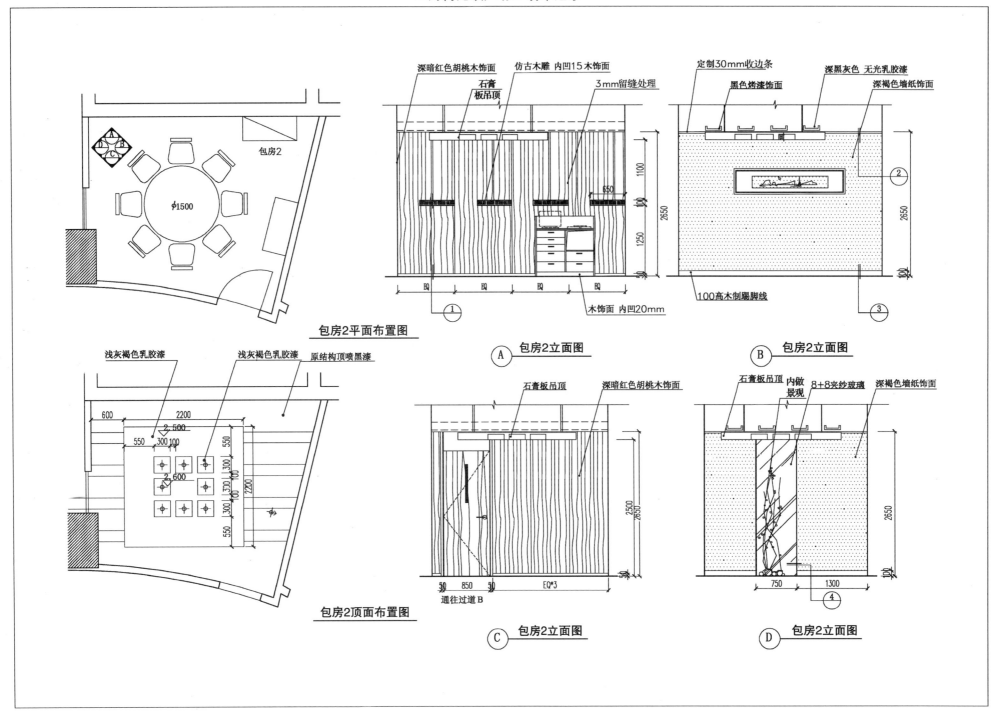

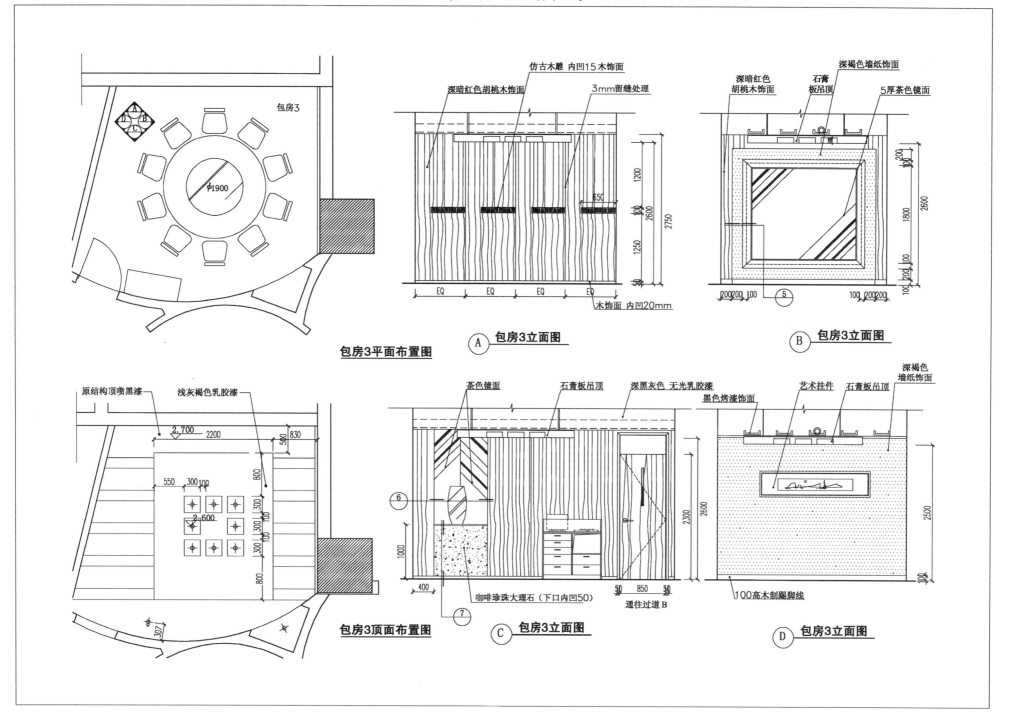

上海梅龙镇广场7F翡翠酒家

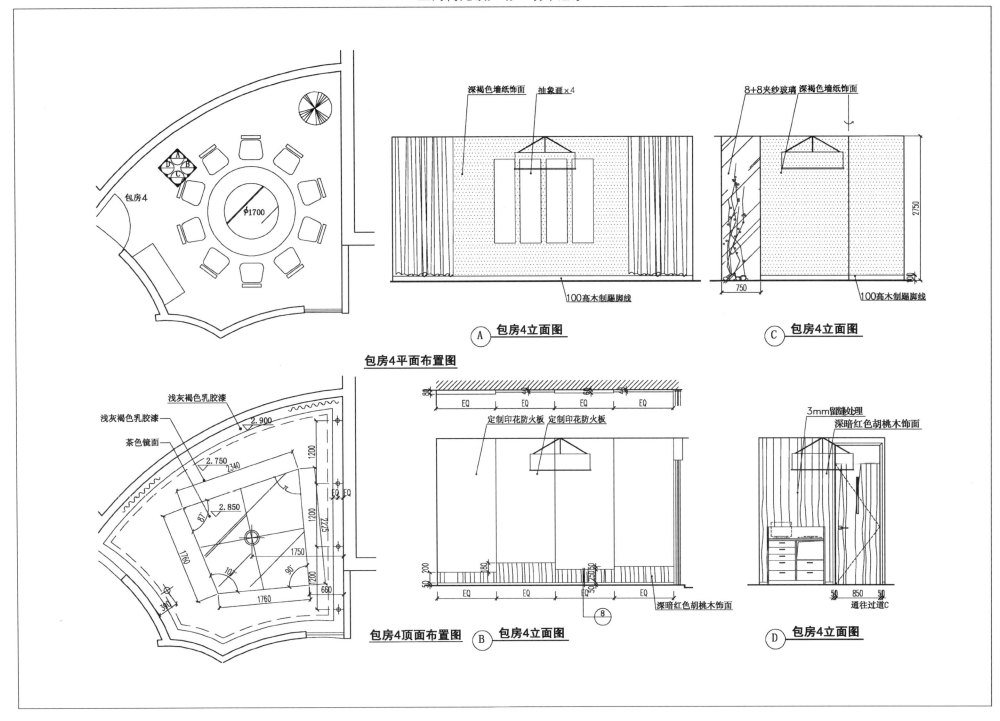

上海梅龙镇广场7F翡翠酒家

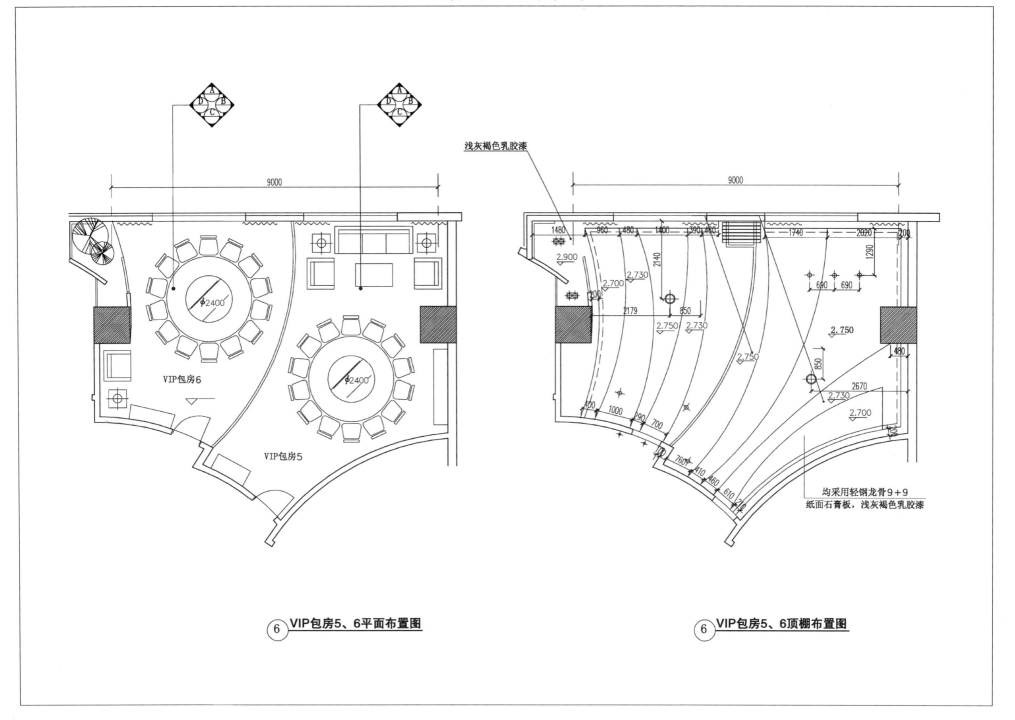

⑥ VIP包房5、6平面布置图

⑥ VIP包房5、6顶棚布置图

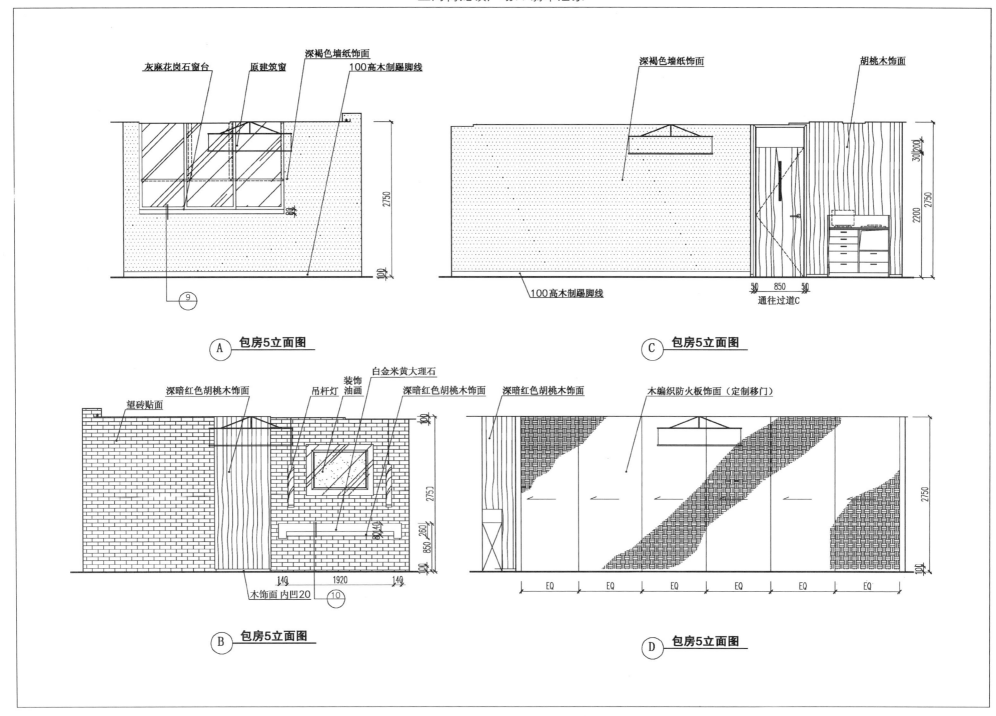

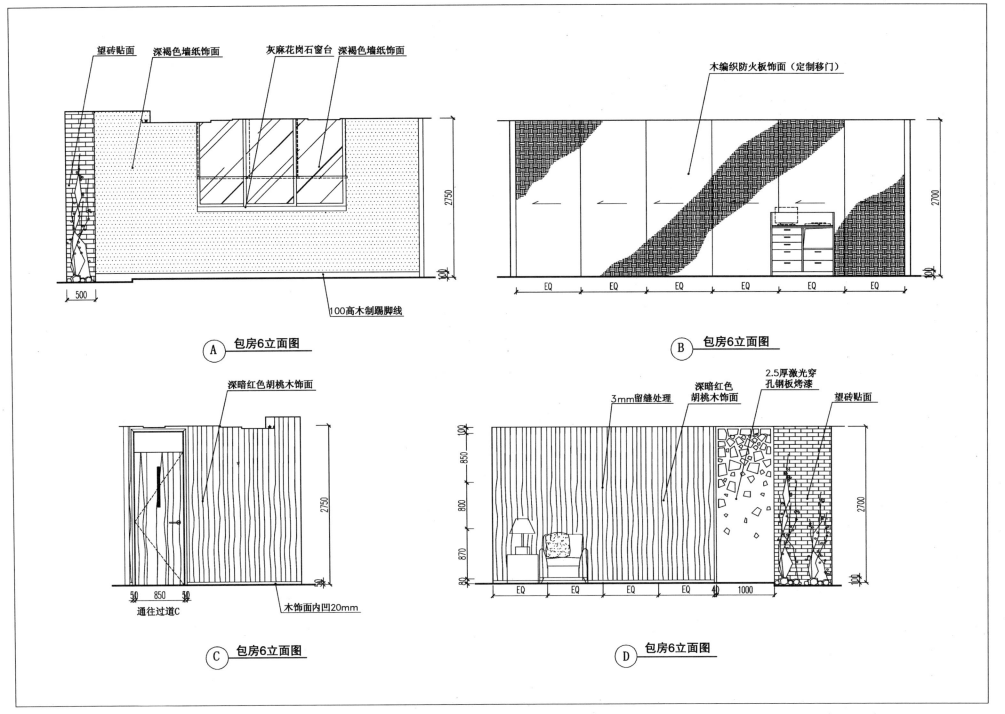

上海梅龙镇广场7F翡翠酒家

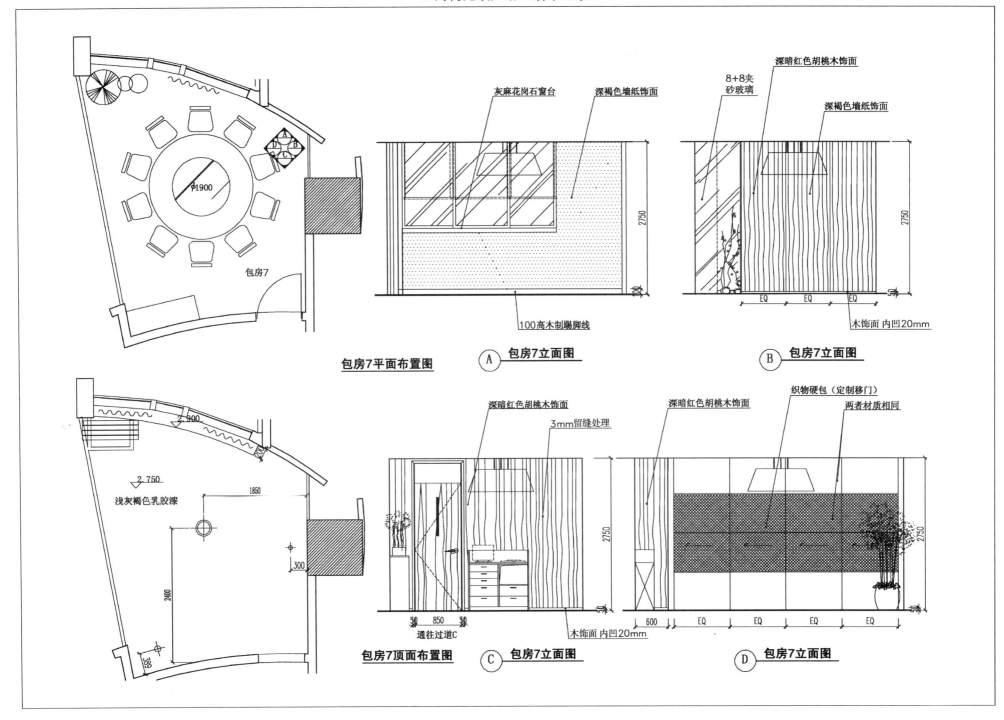

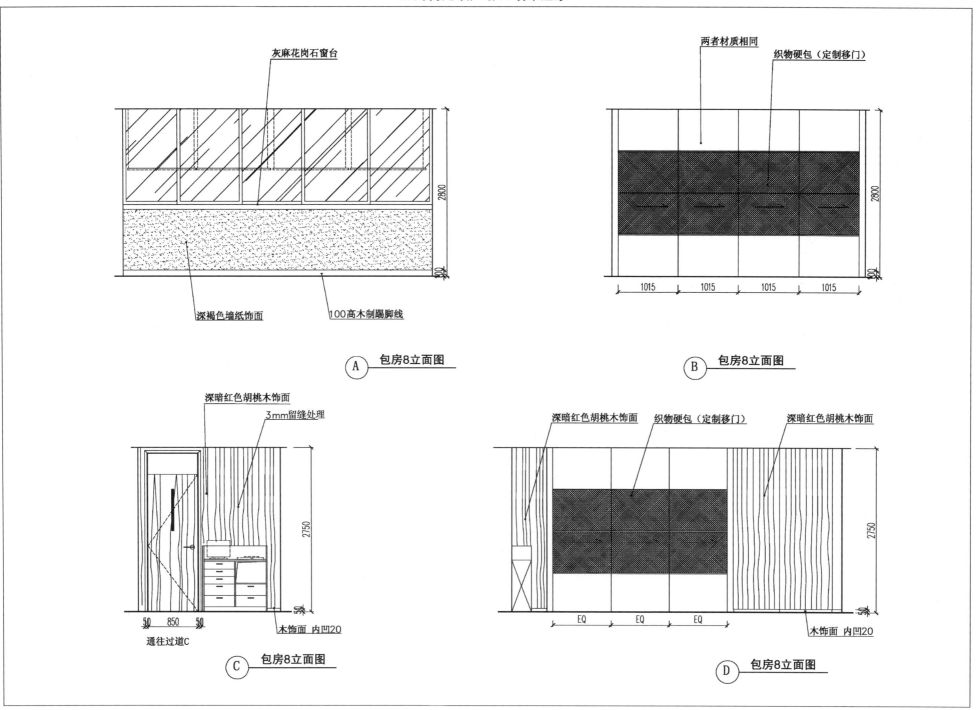

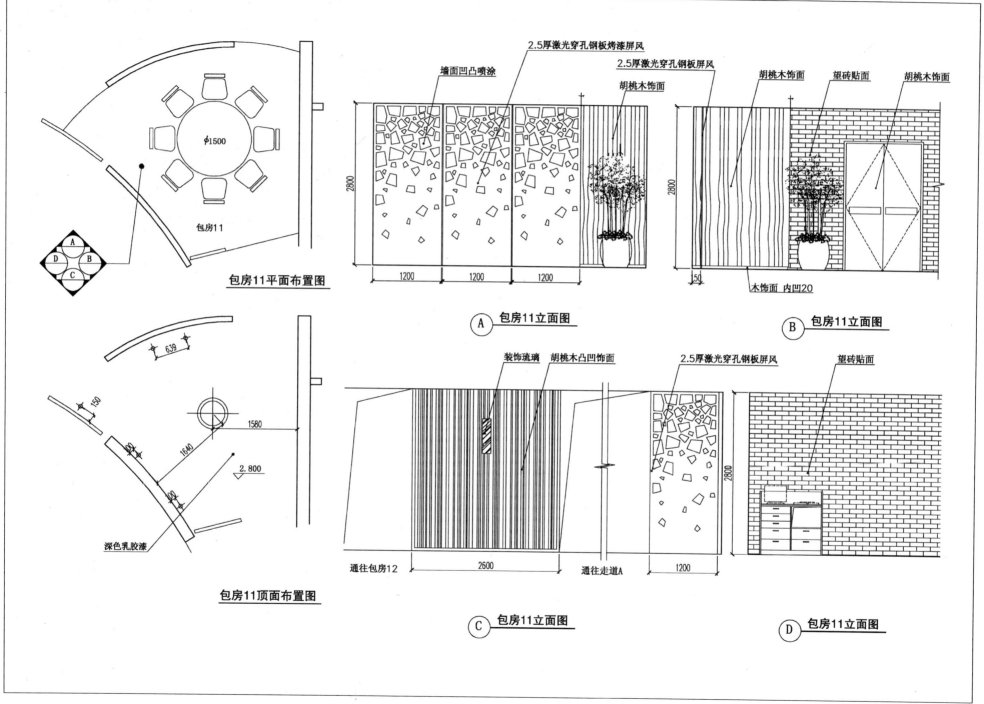

上海梅龙镇广场7F翡翠酒家

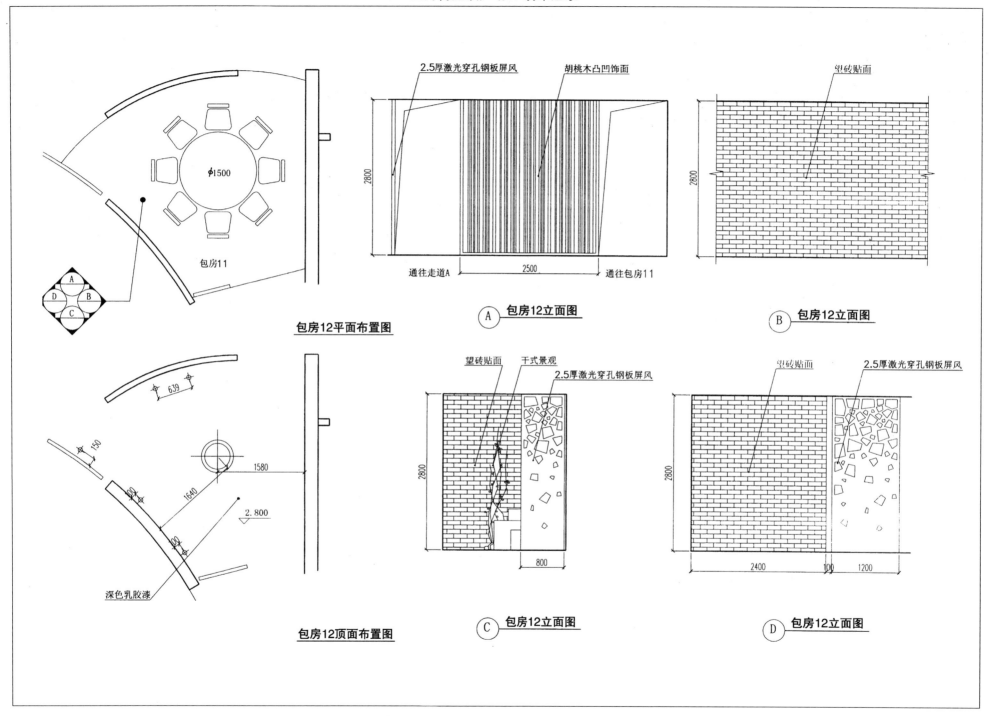

上海梅龙镇广场7F翡翠酒家

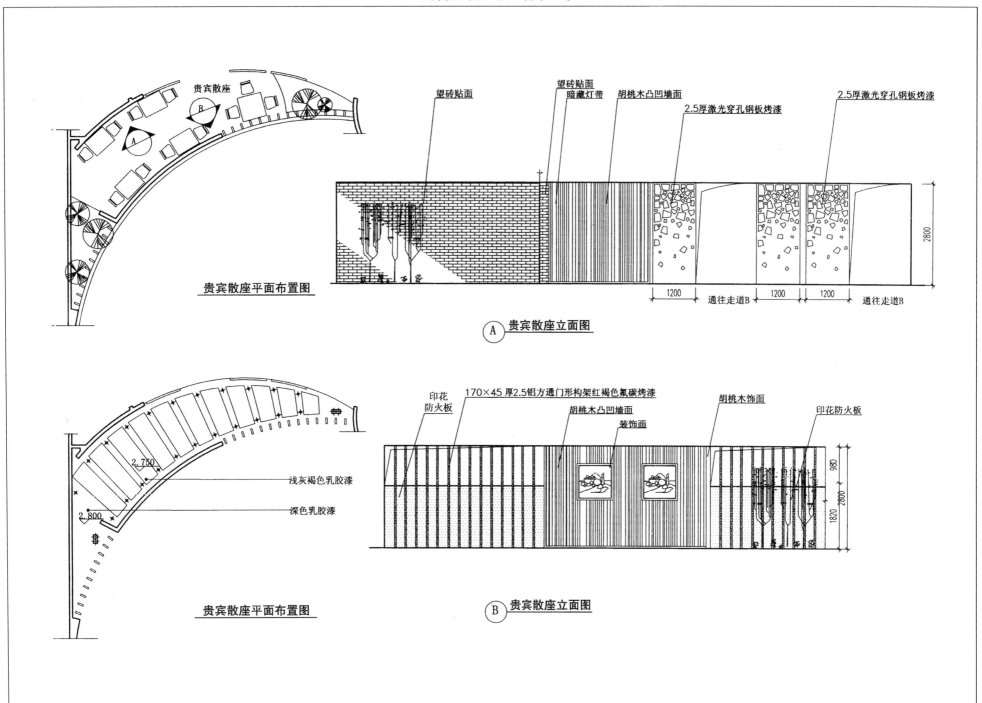

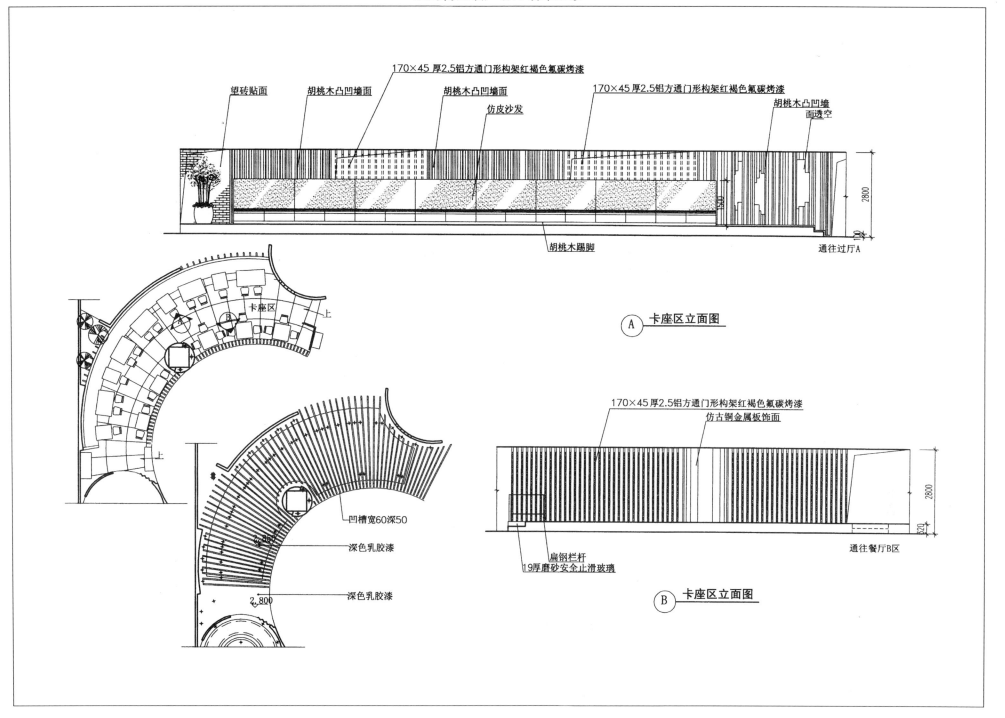

上海梅龙镇广场7F翡翠酒家

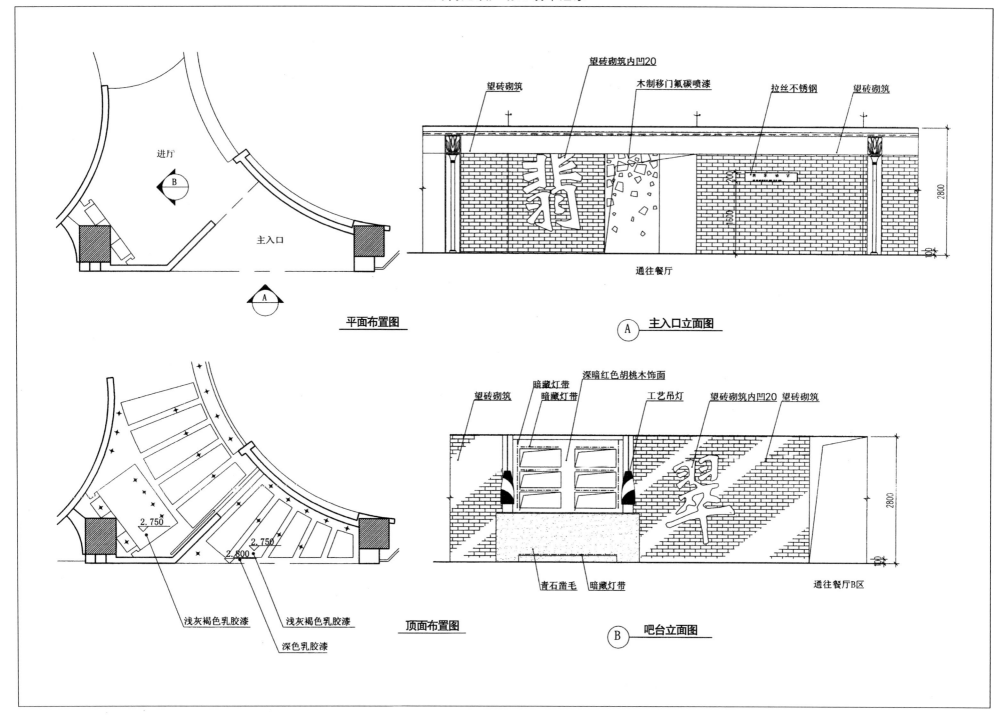

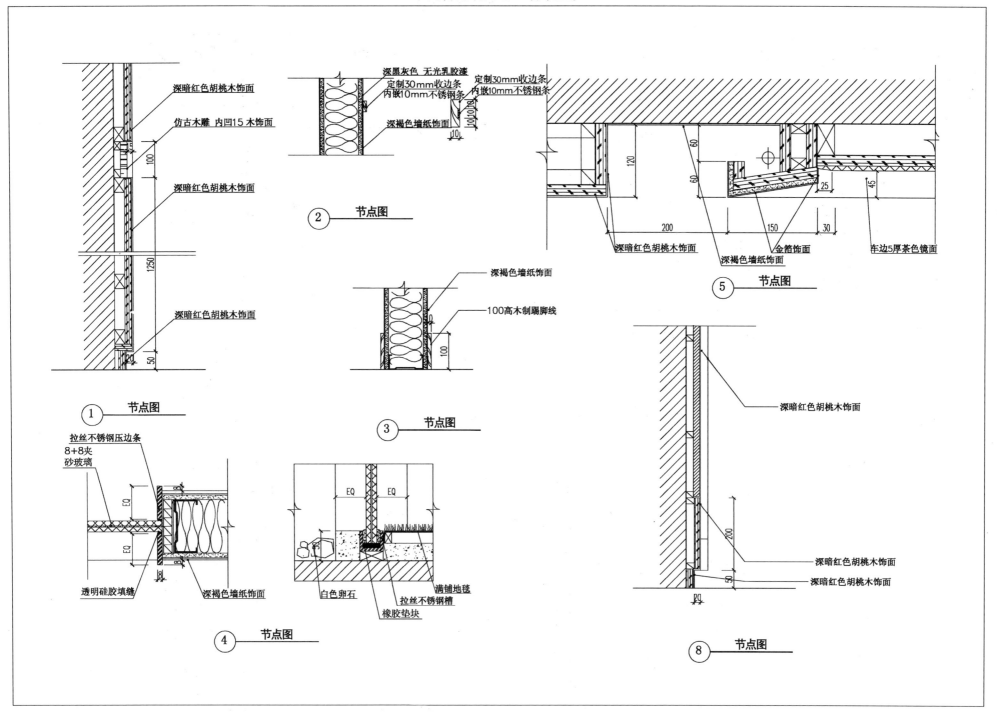

上海梅龙镇广场7F翡翠酒家

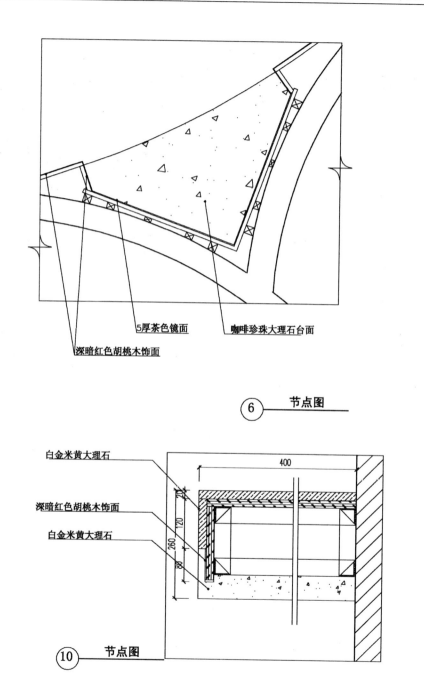
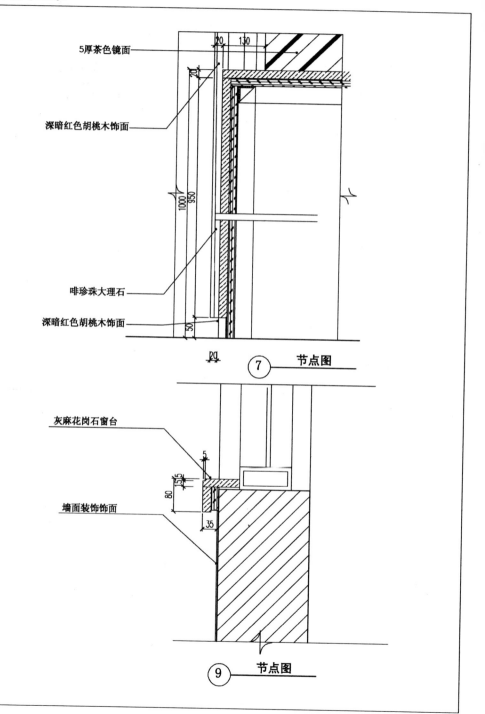

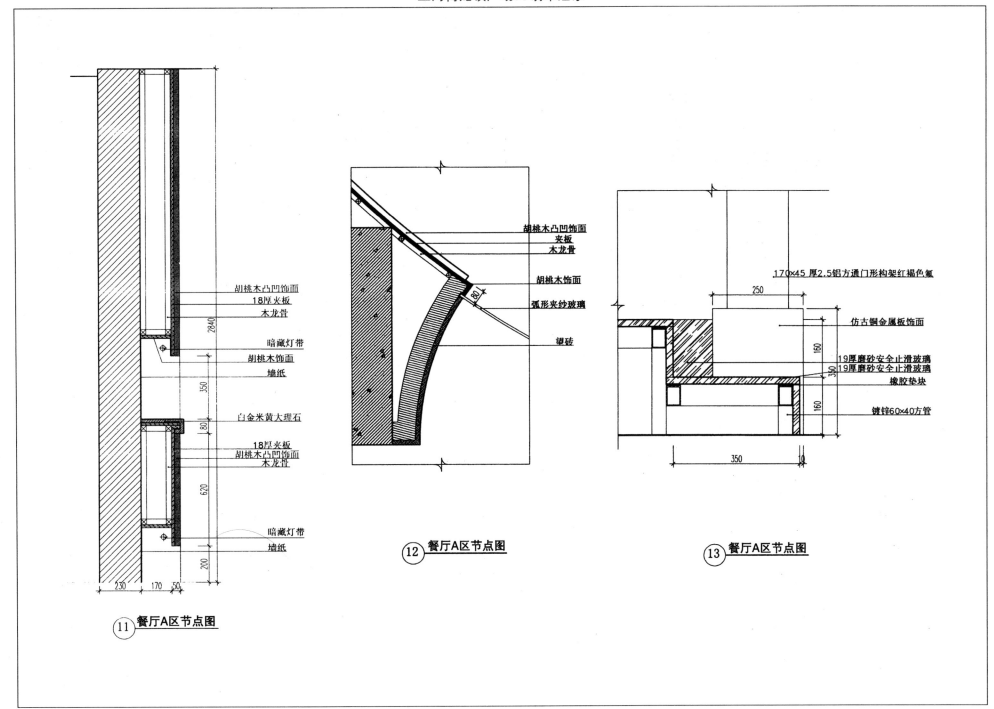

上海梅龙镇广场7F翡翠酒家

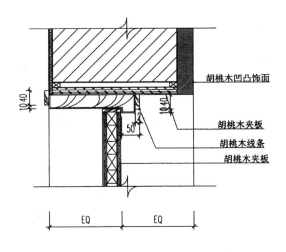

⑭ 过厅B节点

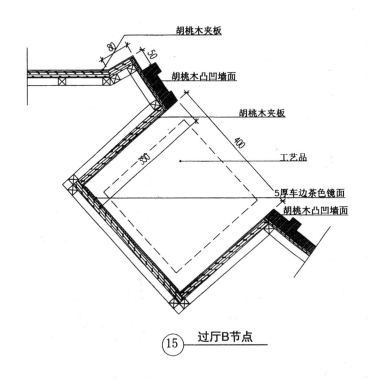

⑮ 过厅B节点

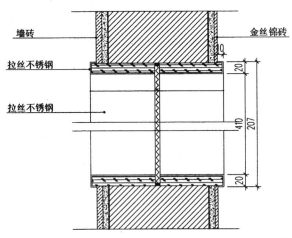

⑰ 走道A节点图

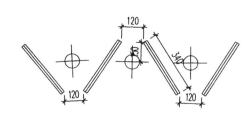

⑯ 走道A节点图

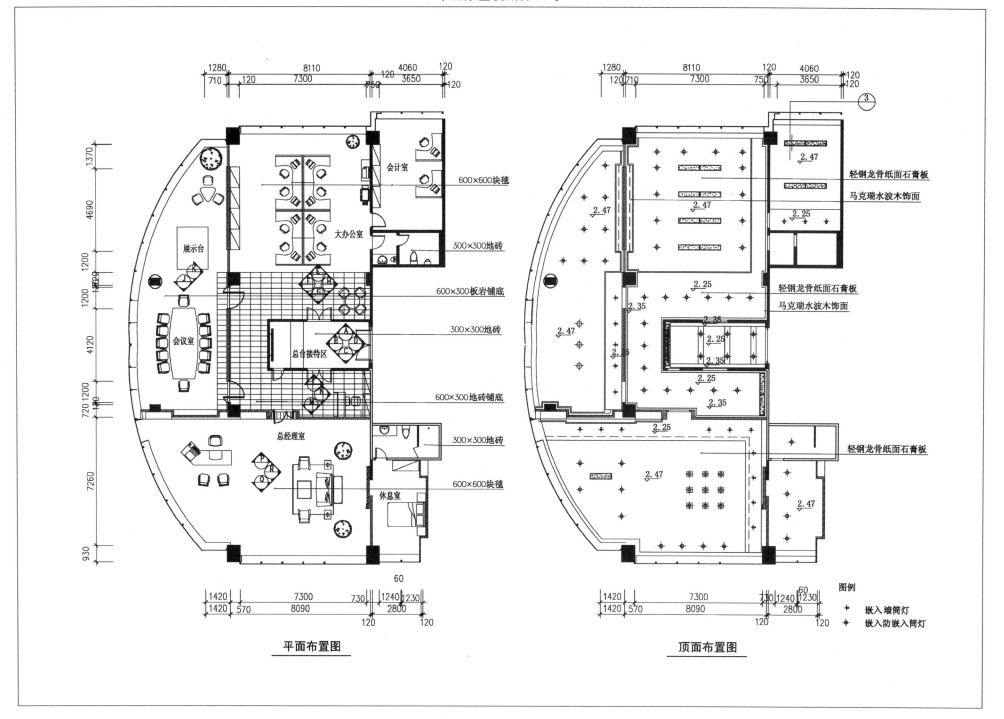

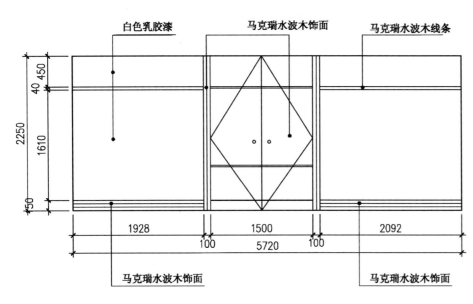

A 总台接待区立面图

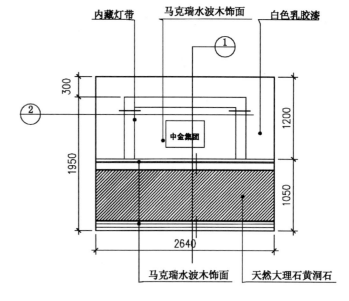

B 总台接待区立面图

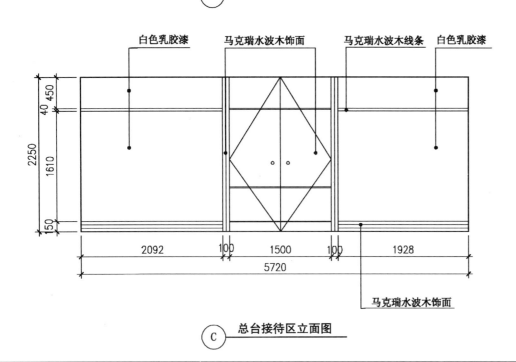

C 总台接待区立面图

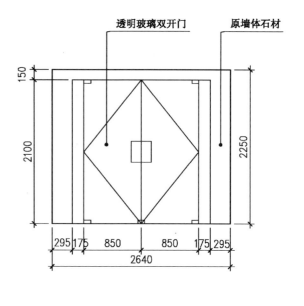

D 总台接待区立面图

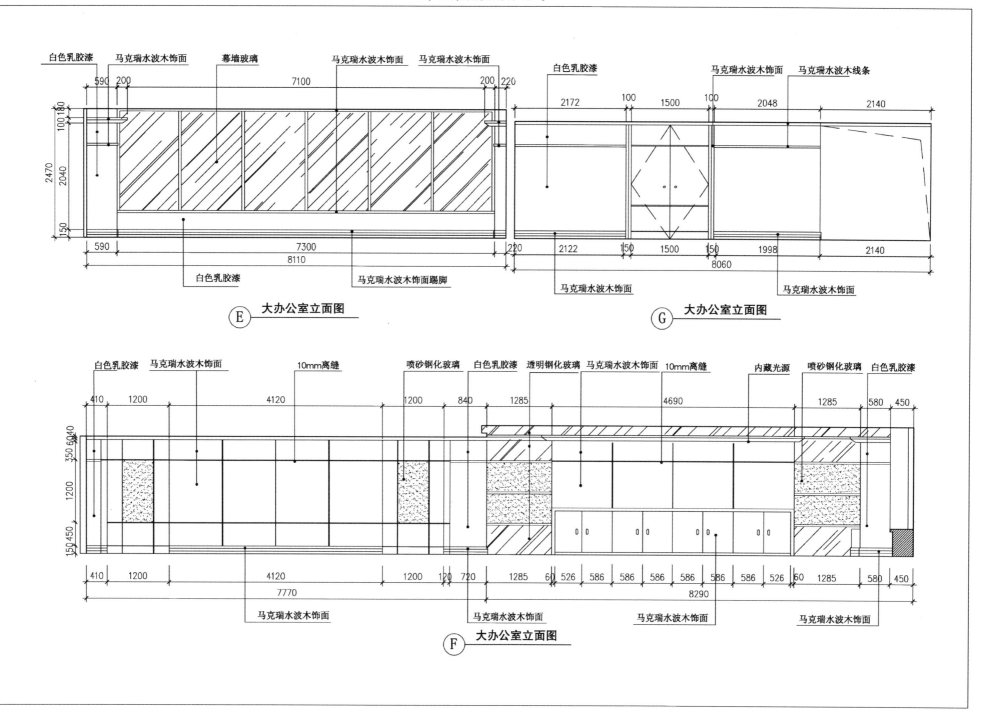

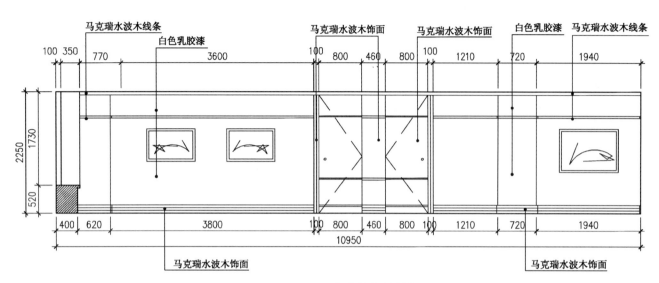

H 大办公室立面图

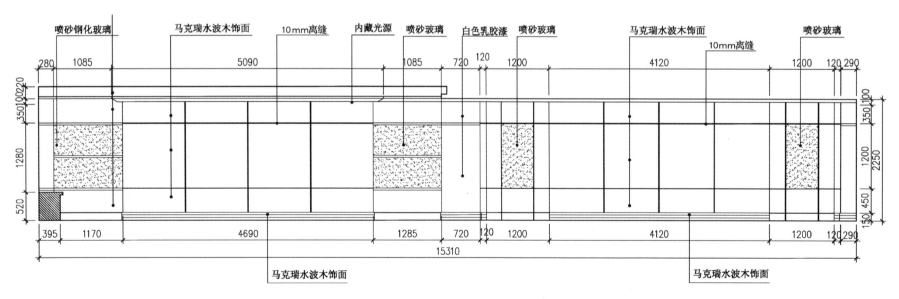

K 会议室立面图

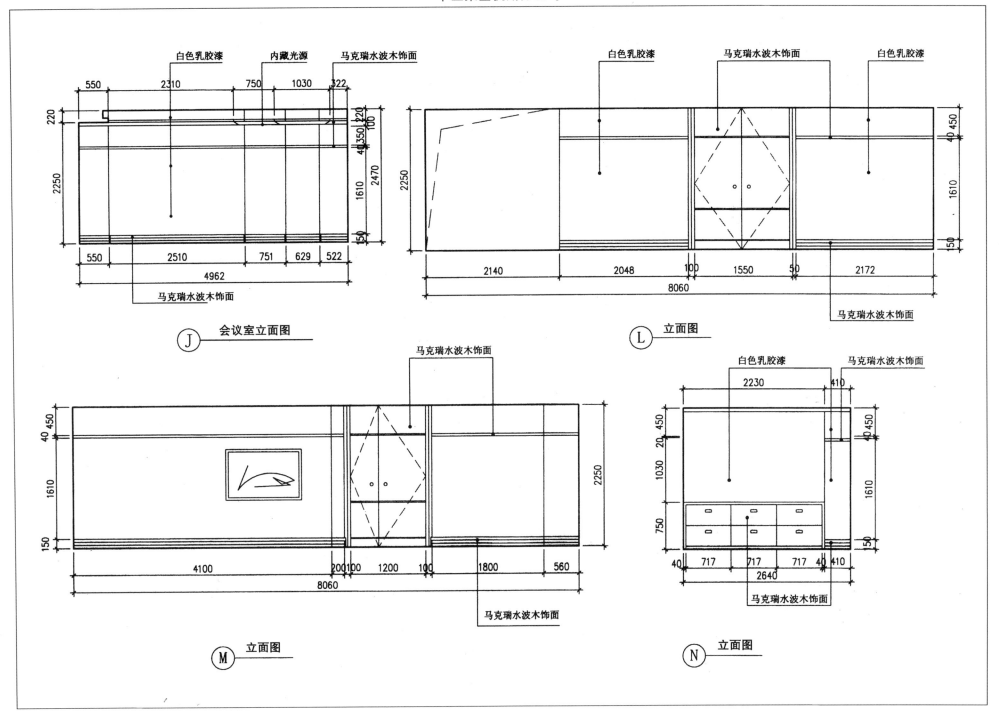

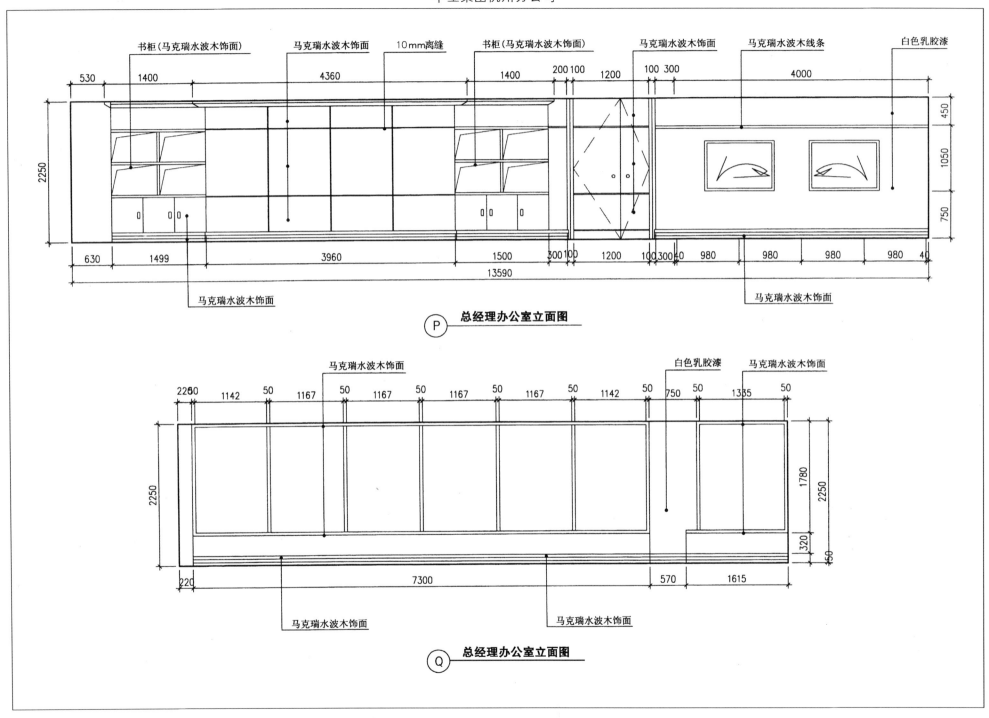

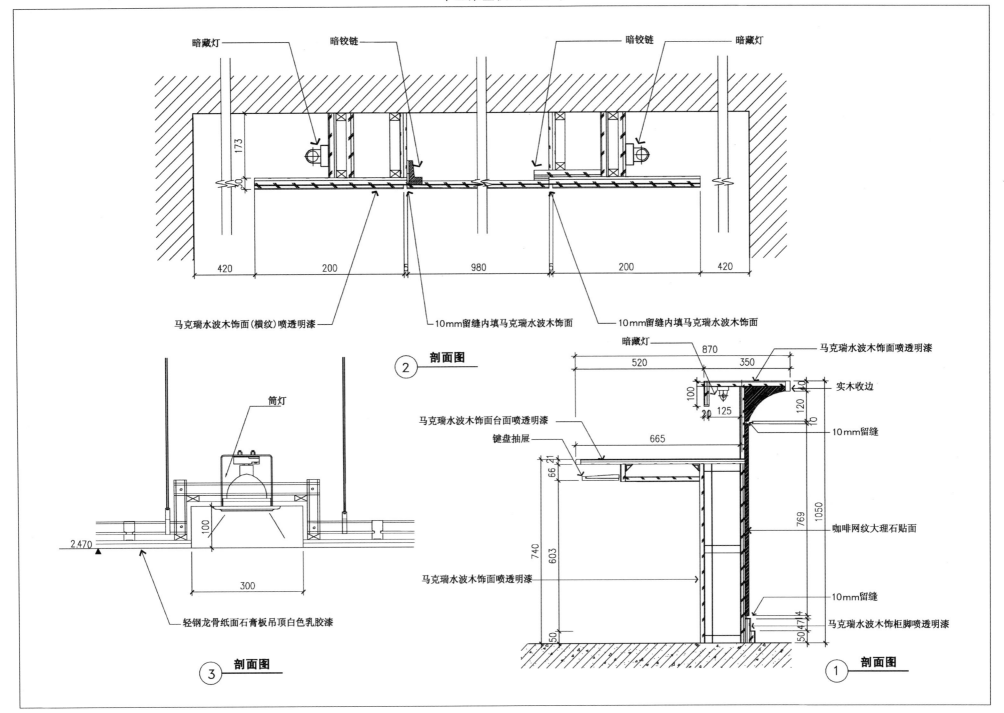

花旗大厦大堂咖啡吧

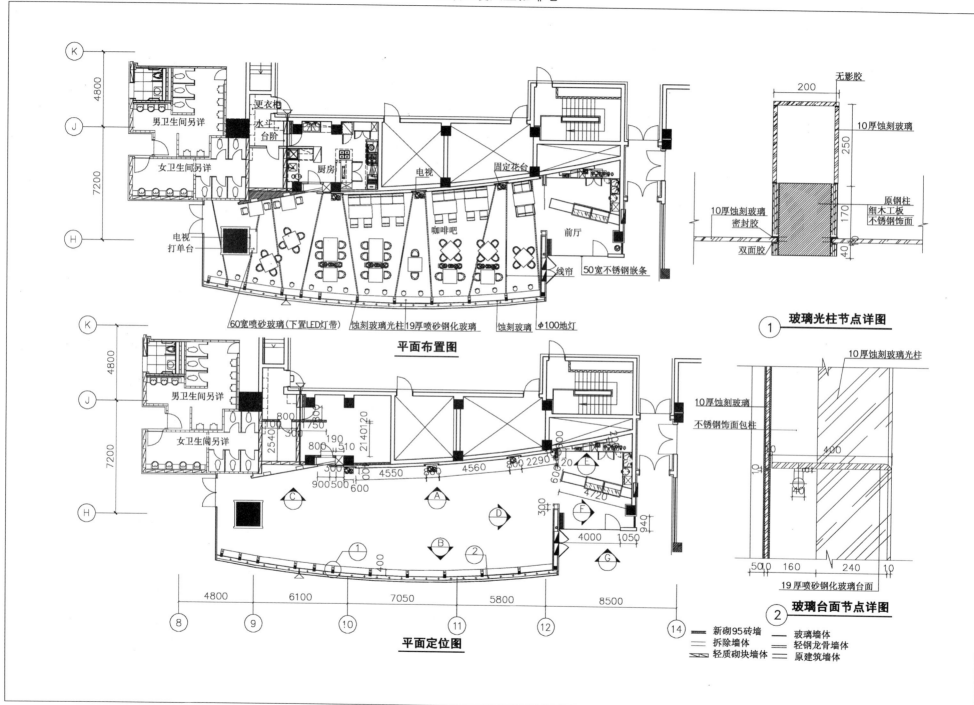

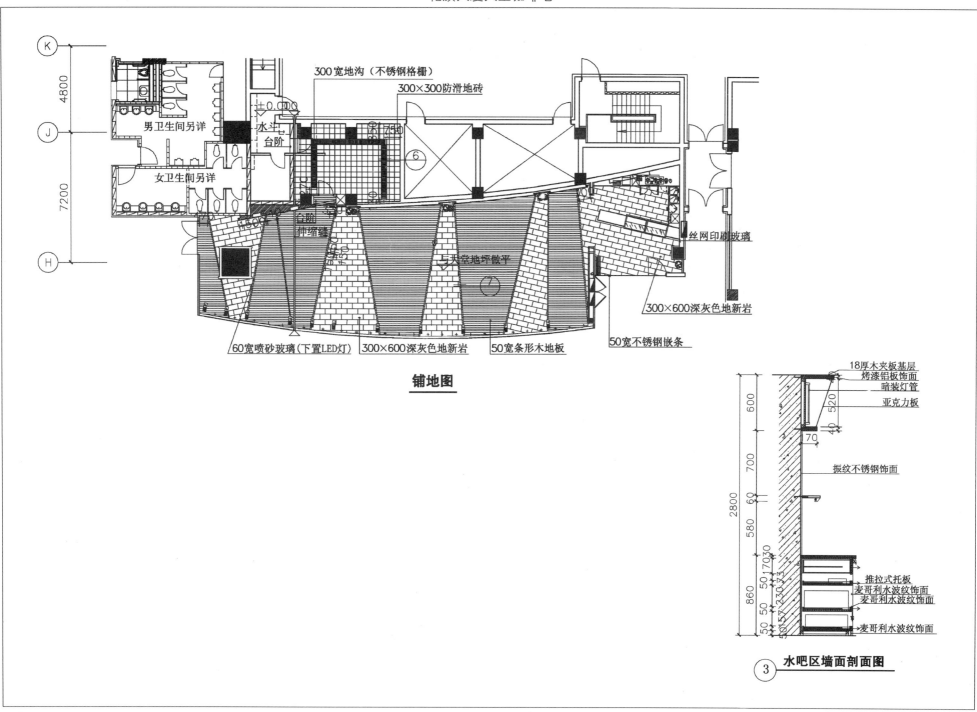

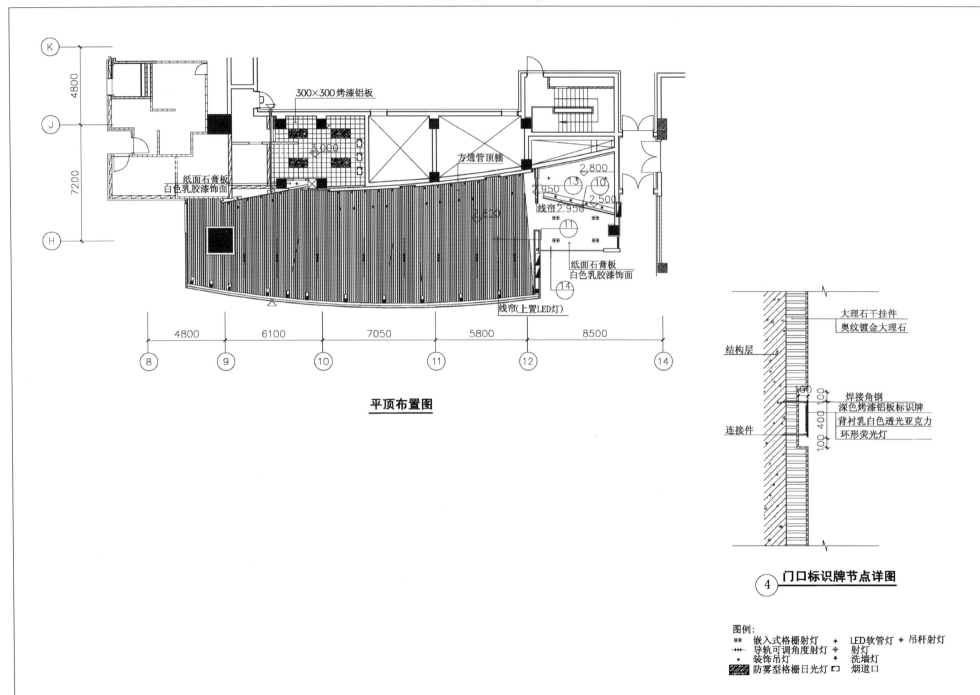

花旗大厦大堂咖啡吧

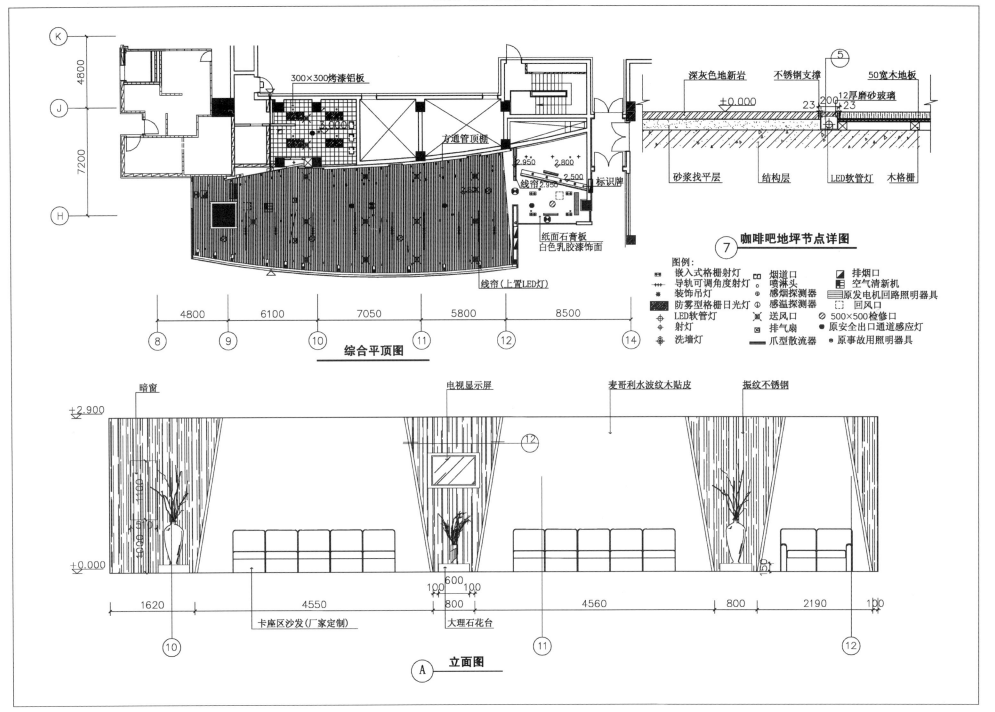

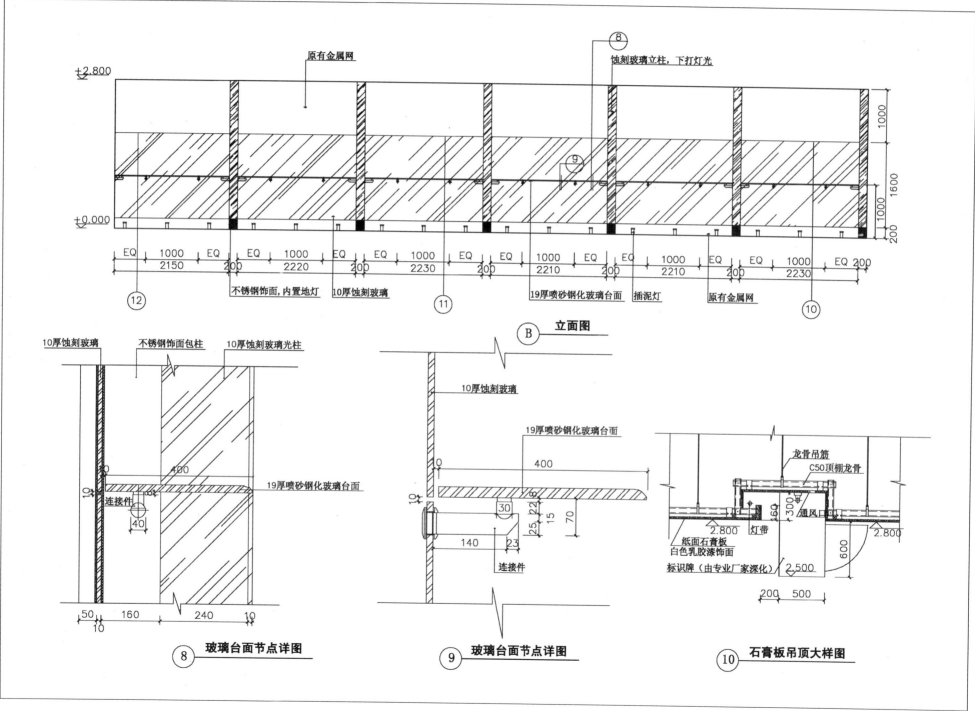

花旗大厦大堂咖啡吧

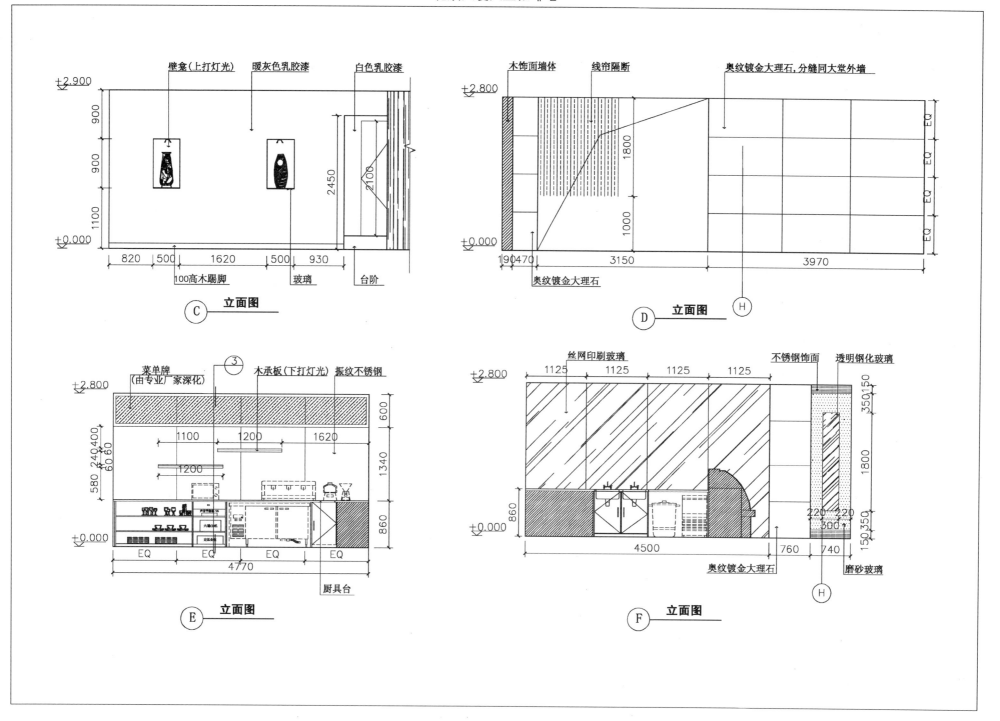

花旗大厦大堂咖啡吧

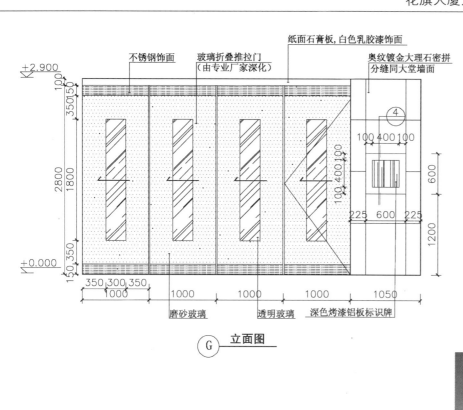

G 立面图

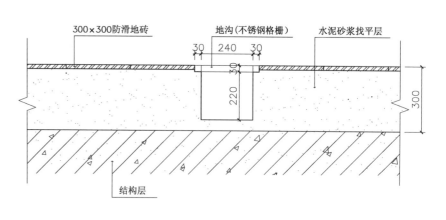

⑥ 厨房地坪节点详图

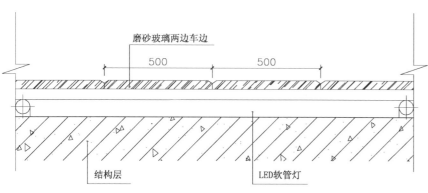

⑤ 厨房地坪节点详图

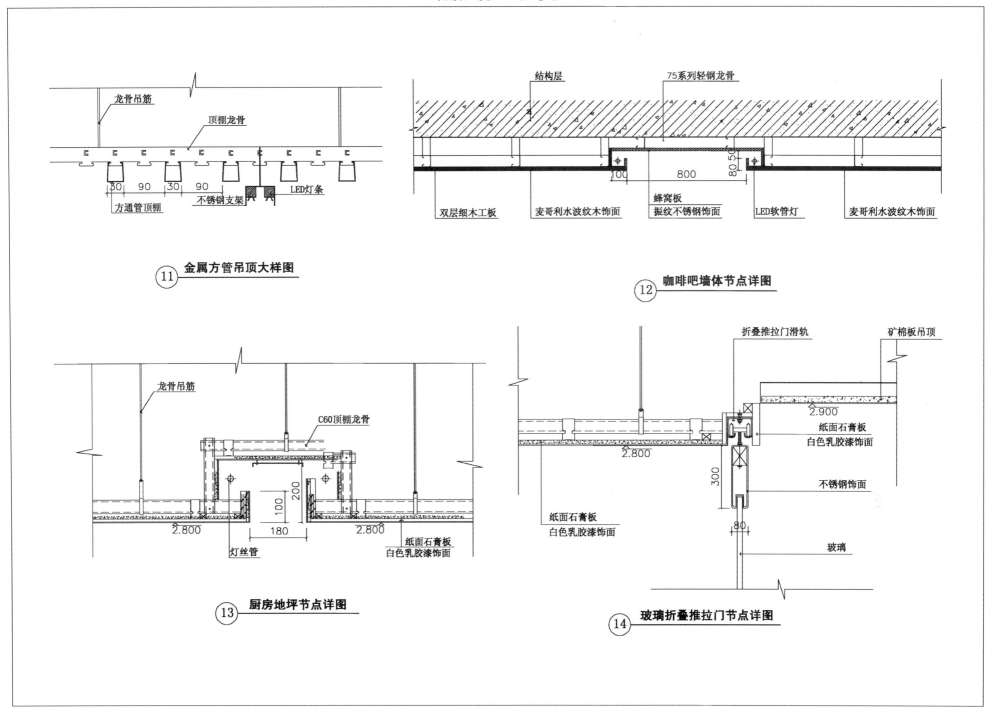

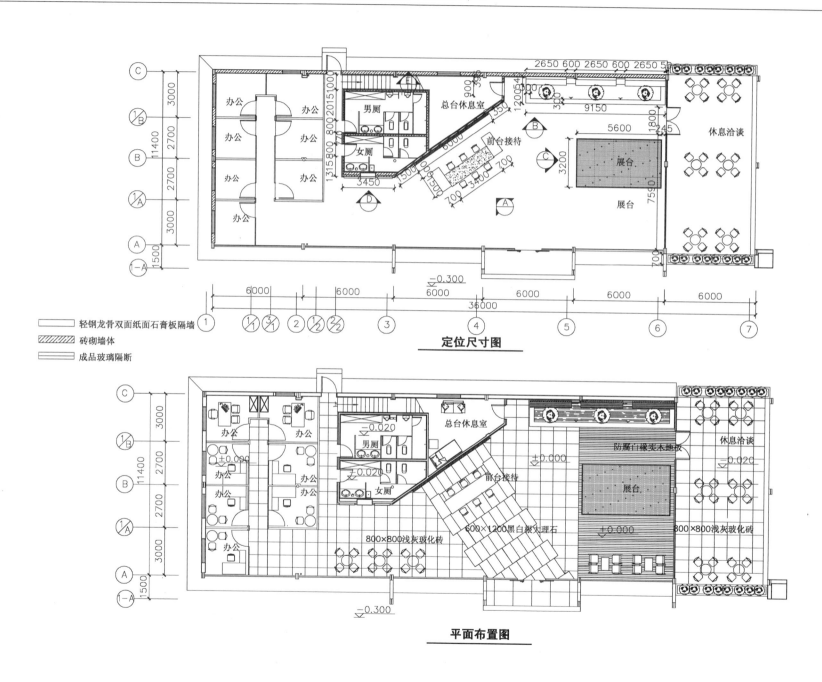

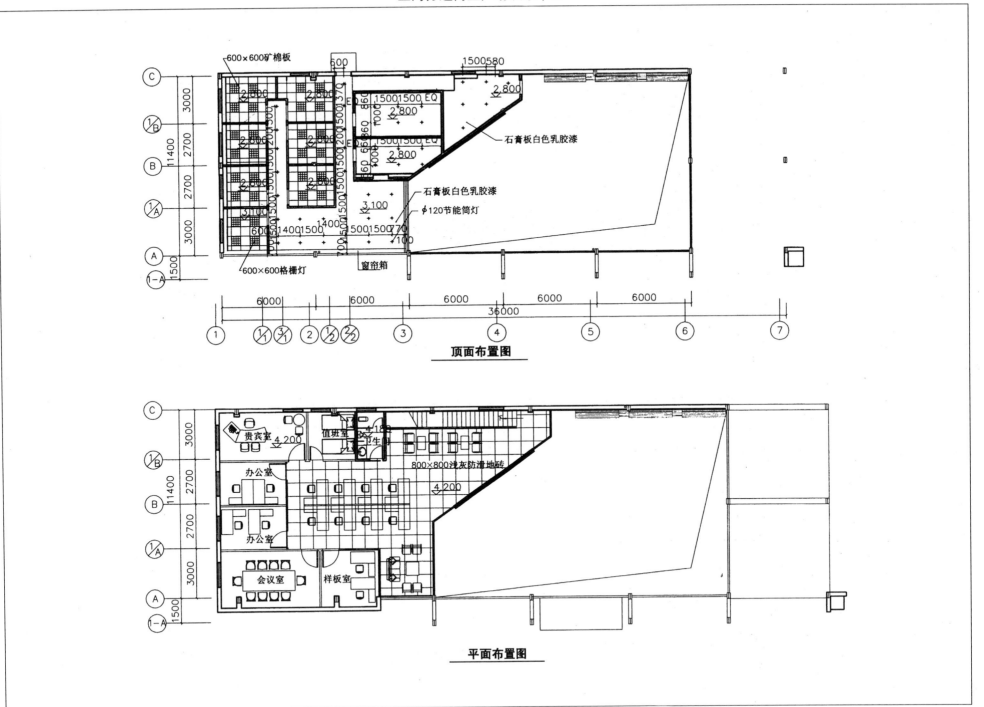

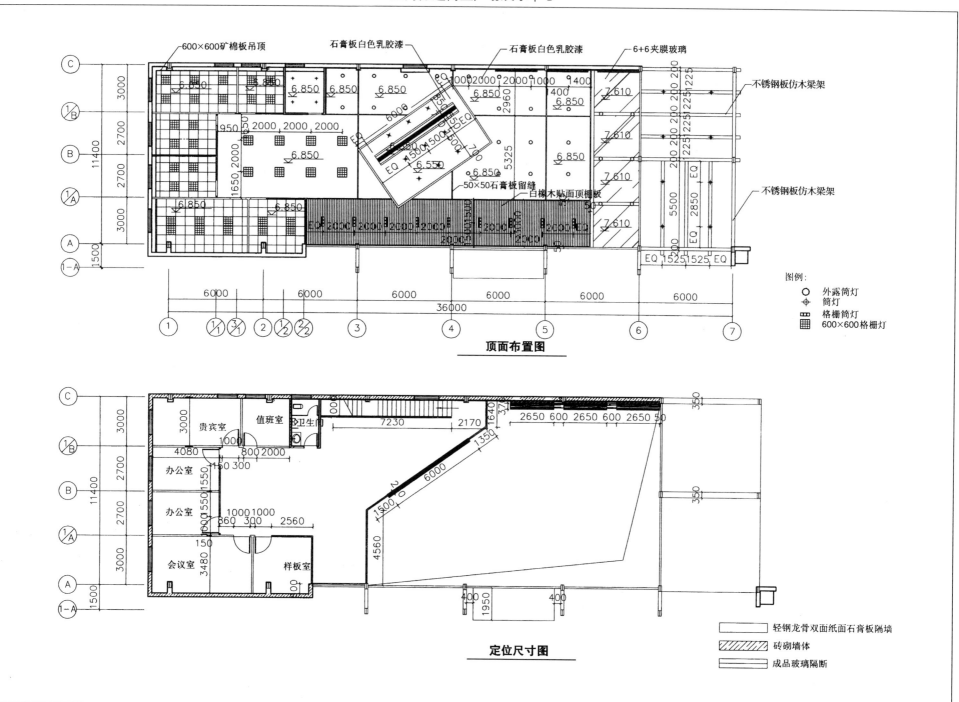

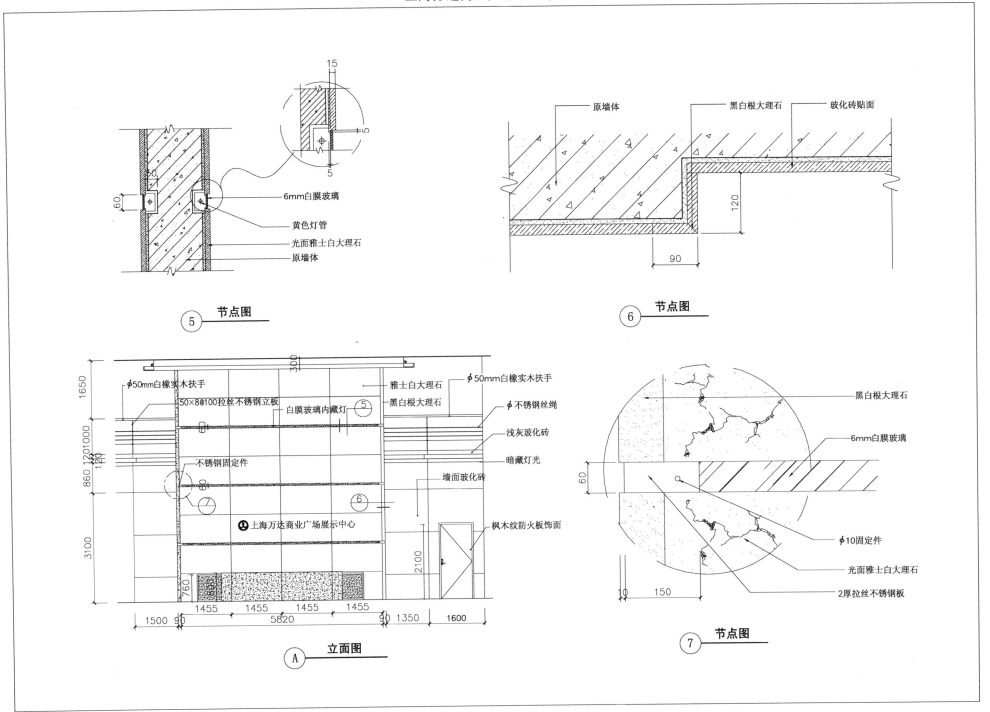

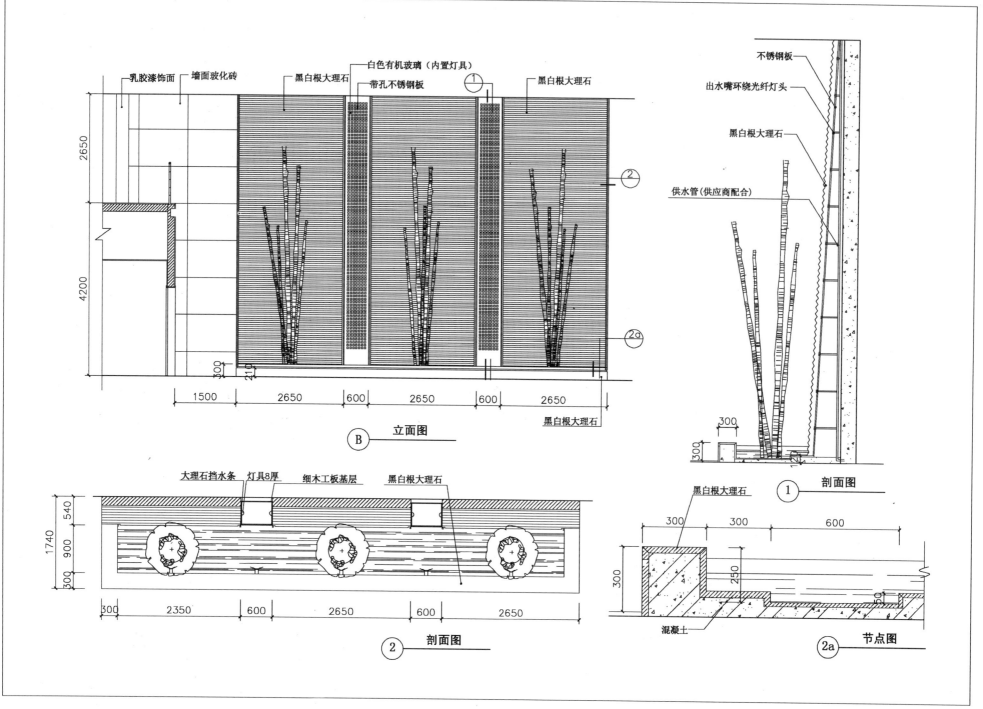

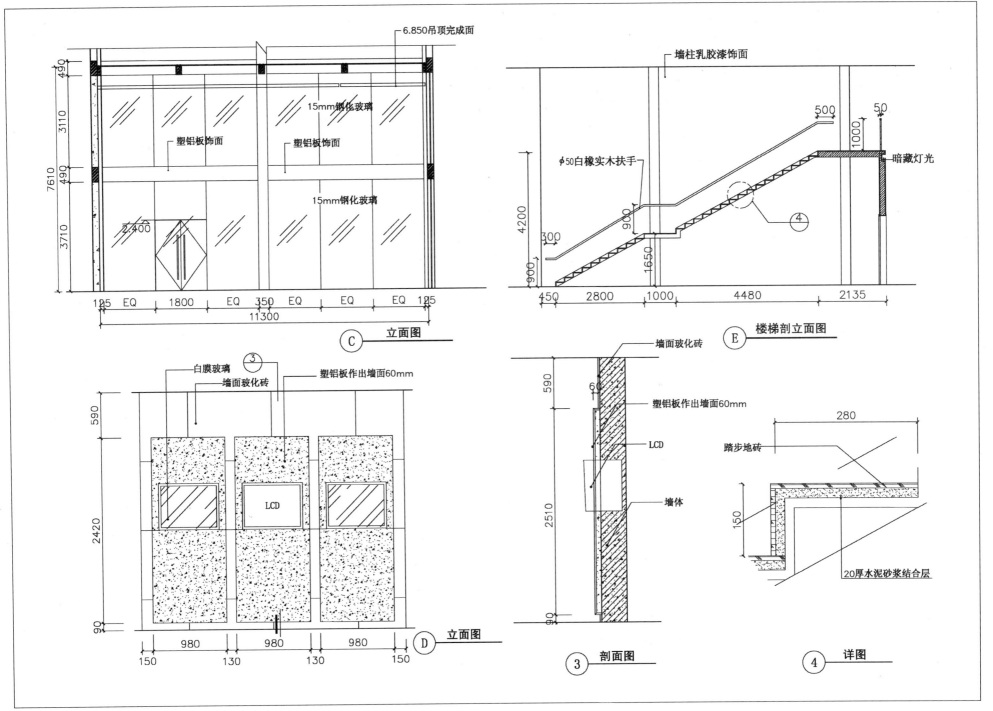

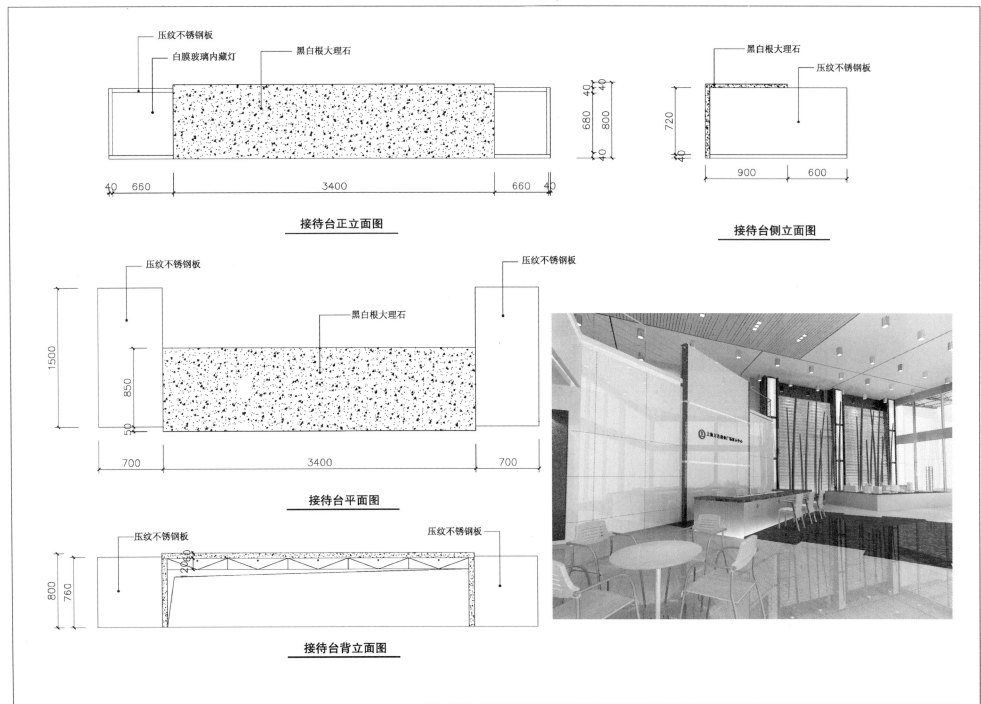

图书在版编目（CIP）数据

公共建筑装饰设计实例图集. 2/谢建伟，林刚主编. —北京：中国建筑工业出版社，2005
　ISBN 7－112－07698－6

　Ⅰ.公… Ⅱ.①谢… ②林… Ⅲ.公共建筑－建筑装饰－建筑设计－图集　Ⅳ. TU242－64

　中国版本图书馆 CIP 数据核字（2005）第 118870 号

责任编辑：杨　军
责任设计：崔兰萍
责任校对：王雪竹　刘　梅

公共建筑装饰设计实例图集
2
谢建伟　林刚　主编
*
中国建筑工业出版社出版、发行（北京西郊百万庄）
新 华 书 店 经 销
北京华艺排版公司排版
世界知识印刷厂印刷
*
开本：880×1230 毫米　横 1/16　印张：15¾　插页：8　字数：500 千字
2005 年 11 月第一版　　2005 年 11 月第一次印刷
印数：1—3000 册　　定价：**68.00 元**
ISBN 7-112- 07698-6
　　（13652）

版权所有　翻印必究
如有印装质量问题，可寄本社退换
（邮政编码　100037）
本社网址：http://www.cabp.com.cn
网上书店：http://www.china-building.com.cn